18歳から
わかる
平和と
安全保障の
えらび方

梶原渉・城秀孝・布施祐仁・真嶋麻子 編

A Guide for Youth to Peace and Security in Our World: Towards Building Peace without Arms

大月書店

はじめに

日本では300万人、アジアでは2000万人、世界全体では5000万人以上もの人びとの命をうばった第二次世界大戦が終わってから70年がたちました。この節目の年に、日本がふたたび「戦争の道」へと突き進みかねない、国のあり方の大転換が起こりました。

2015年9月19日の未明、安保法制（以下、戦争法）が強行採決され、成立しました。本書で詳しく述べるように、安保法制は、〝戦争法〟と呼びうるだけの内容をもっています。つまり、自衛隊を海外に出さない、海外で武力行使はしないという、広く「平和国家」と呼ばれてきた戦後日本のあり方を大幅に変え、自衛隊が米軍などとともに海外でさまざまな軍事行動に参加できるようにするための法律なのです。第二次安倍政権になって強行された、特定秘密保護法や、集団的自衛権の行使を容認するための憲法解釈の変更などと合わせて、日本を「戦争する国」につくりかえるものだと言えます。

ただ、このような「戦争する国づくり」は、安倍政権が突然始めたわけではありません。本書で詳しく述べるように、集団的自衛権の行使を認めようとする動きは、2000年代にはいってすぐの時期からありました。また、戦争法制定の根拠とされる日本周辺の安全保障環境の悪化を示すもののひとつとして、領土問題があげられていますが、これは本来、日本が敗戦をむかえて独立を回復する際に、もしくは、中国や韓国と国交を回復する際に解決すべきものでした。安倍政権が靖国神社参拝で引き起こした歴史認識の問題も、戦後の日本が、植民地支配と侵略戦争に対する反省と謝罪を十分にしてこなかったという背景があります。

こうした戦後日本の外交や安全保障の根幹《こんかん》にあるのが、アメリカとの関係です。サンフランシスコ講和条約によって独立を回復した日本は、同時にアメリカと日米安全保障条約を結び、米軍基地を日本の領土内におくことを余儀《よぎ》なくされました。それだけでなく、当時始まっていた東西冷戦の最中、アメリカの軍事戦略に深く組み込まれ、アメリカによる戦争に巻き込まれる危険にさらされることになりました。他方で、平和を希求《ききゅう》する国民世論と戦後平和運動の力によって、自民党政権のもとではあれ、自衛隊を海外に出さないといった抑制的な対外政策がとられました。東西冷戦が終わると、自衛隊を、アメリカとともに海外で武力行使ができるようにしていくという、いまの安倍政権につらなる動きが起こってきます。

このようなもとで、わたしたちは、安倍政権にいたるまでの戦後日本の平和と安全保障のあり方を、日本国憲法がめざす「武力によらない平和」という観点から批判的に検討する必要があると考えています。安倍政権が強行した戦争法は、戦後日本の平和と安全保障のあり方を根本から覆《くつがえ》しました。ただ、戦争法をたとえ廃止できたとしても、これまでの日本の平和や安全保障のあり方が抱えてきた問題点を解決しなければ、またわたしたちは戦争の危険にさらされ、そのうえ、他国民を殺すことに加担《かたん》してしまうのではないでしょうか。

本書は、このような問題意識のもと、そもそも日米安保とは何か、安倍政権の言う「積極的平和主義」とは何か、どうすれば日本や世界の平和と安全を守れるのかといった問題について、基本的な知識を提供することを目的に書かれました。戦争法によって、他国民との戦闘という危険の当事者となりうる若い世代を念頭において、わかりやすく記述することをめざしました。

「「武力よらない平和」は非現実的ではないか」と思われるかもしれません。しかし、これまでの外交・安全保障政策が「武力による平和」であったとするならば、そのような平和のあり方はきわめて不安定でしたし、その犠牲になった人びとは日本にも世界にもたくさんいました。沖縄への米軍基地集中や相次ぐ基地被害はそのひとつです。本書ではこういった側面にも目をくばり、「武力によらない平和」への道を考えることもめざしています。

本書は、３つのパート、22の章と５つのコラムからなります。

PartⅠ「「丸腰では平和を守れない?」を考える」は、言わば時事問題です。安倍政権が強行するさまざまな政策、つまり、戦争法や集団的自衛権行使を容認する憲法解釈の変更、特定秘密保護法、沖縄・辺野古《へのこ》への新基地建設など、立憲主義や民主主義的な手続きに反するといった観点から問題点が語られることの多いことがらについて、日本の平和と安全保障という観点から解説します。

PartⅡ「戦後70年、〝平和ニッポン〟の真実」は、戦後日本の平和と安全保障の歩みを、10個の問題群に分け、それらが生じた順番に解説していきます。なお、戦前の日本が行った戦争については、歴史教育者協議会編『すっきり！わかる　歴史認識の争点Q&A』(大月書店、２０１４年)などをご覧ください。

PartⅢ「わたしたちの平和と安全はわたしたちがつくる！」は、未来への展望です。日本をとりまく安全保障環境をどう改善できるのか、アジア諸国とどのように協力することができるのか、「武力によらない平和」は可能なのか、そのために一人ひとりができることは何か、といった問題について考えます。

このように、世界と日本の平和と安全保障について体系的に学べるようになっています。興味や関心のある分野から読んでかまいませんが、いちど通読することをおすすめします。コラムについては、各章に含めることができなかったけれども、平和と安全保障について考えるために重要なことがらを盛り込みました。

平和と安全保障は、普段生活するなかではなかなか実感できない、縁遠いものかもしれません。それは当然で、平和と安全が保たれているために、普段の生活を営むことができるからです。しかし、そうした普段の生活も、平和と安全を実現しようとする力と、それとは逆に戦争の方向へ向かおうとする力のせめぎ合いのなかでできています。本書を読まれたみなさんが、平和と安全保障の問題を専門家や政治家まかせにせず、自分たち自身の問題ととらえ、平和で安心して暮らすことのできる未来の実現へ行動することを期待してやみません。

編　者

付記　本書で述べられた見解は、各執筆者の個人のものであって、それぞれの所属する団体・組織を代表するものではないことをお断りしておきます。

目次

Part II 戦後70年、〝平和ニッポン〟の真実

Part III わたしたちの平和と安全はわたしたちがつくる！

Part Ⅰ

「丸腰では
平和を守れない？」
を考える

1 安保法制って本当に「平和を守る」ため？

吉田　遼

強行された「違憲の法律」

2015年9月19日午前2時18分。国会前に多くの人が集まって「戦争法案反対」の声があげられるなか、安保法制は成立しました。「憲法違反だ」という批判をはじめ、国会の内外で多くの反対や疑問の声があげられたにもかかわらず、それに十分こたえることのないまま与党は審議《しんぎ》を打ち切って強行採決してしまいました。その出発の時点から「違憲の法律」だった安保法制が成立させられてしまったことは、日本の民主主義と立憲主義にとってきわめて重大な出来事です。

2014年7月1日、政府は日本の安全保障政策に大転換をもたらす閣議決定を行いました。「国の存立を全《まっと》うし、国民を守るための切れ目のない安全保障法制の整備について」と題された閣議決定は、いくつかの内容を含んでいましたが、最大の焦点となったのは集団的自衛権の行使を容認する憲法解釈の変更を打ち出したことでした。「集団的自衛権」とは、自国が武力攻撃を受けていないにもかかわらず、同盟国などの他国に対する攻撃に共同で反撃する権利のことです。戦争放棄と戦力不保持をうたった日本国憲法第9条のもとで、日本政府は戦後一貫して、集団的自衛権の行使は憲法に違反するとの立場を維持してきました。にもかかわらず、この閣議決定は、説得力のある説明もないままに憲法解釈を変更して集団的自衛権の行使を一部容認することにしてしまったのです。

その後、自民・公明両党による「与党協議」をへて、2015年3月に安保法制の大枠が合意されました。さらにそれを受けて、5月14日に一連の法案が閣議決定されたのち、国会審議が始まりました。膠着《こうちゃく》した議論の流れを変えたひとつの転機は、6月4日に行われた憲法審査会における憲法学者の発言でした。3人の参考人全員が安保法制について「違憲である」と明言したのです。とくに、与党推薦《すいせん》の参考人と目《もく》された長谷部《はせべ》恭男《やすお》・早稲田大学教授も安保法案は「違憲」だと発言したことは、大きな注目を集め与党に衝撃《しょうげき》を与えました。その後、幅広い反対や危惧《きぐ》の声が高まりをみせ、国会前では連日のように抗議行動が行われました。若者たちを中心とした、これまでにないかたちでのデモ行進やイベントが繰り広げられて中高年を触発し、小さな子どもをもつ母親たちなども参加して反対の声が広がりました。広範な層を巻き込んだ国会前や全国各地での反対運動と、これから解説する安保法制のもつさまざまな問題点を浮き彫りにした国会論戦とが相互に響き合い、「戦争法案反対」の声を広げ、政府を追いつめていったのでした。

安保法制をどう読むか?

安保法制は、自衛隊法改正など10の法改正を一括《いっかつ》した「平和安全法制整備法案」と新しい法律案である「国際平和支援法案」の二本立てで国会に提出されました。なかでも、前節でふれた集団的自衛権の行使容認が特に注目されましたが、安保法制には、これにとどまらない実に幅広い内容が含まれています。以下、その内容と問題点をみていきたいと思います。ただし、法律ごとの解説は煩雑《はんざつ》なので、可能となった自衛隊の活動ごとに大ぐくりに整理することにします。

憲法に違反する集団的自衛権の行使

日本に対する武力攻撃が発生した場合（武力攻撃事態など）だけでなく、「密接な関係にある他国」に対する武力攻撃が発生した場合、それが「我が国の存立が脅《おびや》かされ、国民の生命、自由及び幸福追求の権利が根底から覆《くつがえ》される明白な危険がある」と政府が認定すれば（「存立危機事態」と呼びます）、日本が攻撃を受けていなくても「集団的自衛権」にもとづく武力行使が可能とされました。

2014年7月1日の閣議決定は、以下のような「自衛のための措置《そち》としての武力行使の新3要件」を示すことで、集団的自衛権の行使を容認しました。

①「我が国に対する武力攻撃が発生した場合のみならず、我が国と密接な関係にある他国に対する武力攻撃が発生し、これにより我が国の存立が脅かされ、国民の生命、自由及び幸福追求の権利が根底から覆される明白な危険がある場合」で、

②「これを排除し、我が国の存立を全うし、国民を守るために他に適当な手段がないとき」、

③「必要最小限度の実力を行使する」。

安倍政権は、閣議決定が示した「新3要件」について、あくまで集団的自衛権を「限定的に」容認するだけであり、「専守防衛《せんしゅぼうえい》」とは矛盾しないと強調しました。「専守防衛」とは、「相手から武力攻撃を受けたときにはじめて防衛力を行使し、その態様《たいよう》も自衛のための必要最小限にとどめ、また、保持する防衛力も自衛のための必要最小限のものに限るなど、憲法の精神に則《のっと》った受動的な防衛戦略の姿勢」（『防衛白書』2014年版）のこ

とです。しかし、自国が攻撃を受けていないにもかかわらず、自国への影響が深刻であるとして他国が攻撃を受けたときに武力行使を行うことは、どのように言い繕《つくろ》っても「専守防衛」からはみ出すことは避けられません。

そもそも、日本政府はずっと「日本は集団的自衛権の行使はできない」という立場をとってきました。たとえば、１９７２年10月に出された政府見解は、まず冒頭で、国際連合憲章の規定などをふまえて、日本も国際法上は集団的自衛権を「有している」と述べたうえで、「国権《こっけん》の発動としてこれを行使することは、憲法の容認する自衛の措置の限界をこえるものであって許されない」と明記しています。

基本的な憲法解釈にかかわるこのような根本的な変更を、憲法そのものを改正することなく、一政権の閣議決定だけで行うことには重大な問題があり、この閣議決定自体が憲法に違反するものだと言わざるをえません。

また、行使の要件がきわめて曖昧《あいまい》で抽象的な文言《もんごん》でしか示されていないのも問題です。はたして、他国への武力攻撃が「我が国の存立」を脅かし、「国民の生命、自由及び幸福追求の権利が根底から覆される明白な危険がある場合」とされる「存立危機事態」とは、いったいどのような事態なのでしょうか？　安倍晋三《あべしんぞう》首相は国会答弁のなかで、「経済に与える打撃によって多くの例えば中小企業等々も相当な被害を受けることになる。多くの倒産も起こり、多くの人が職を失う状況につながるかもしれない。そういうものも勘案《かんあん》しながら総合的に判断していく」と述べて、経済的打撃を受ける事態も要件にあてはまりうると発言しています（7月14日、衆議院予算委員会）。たとえば、中東からの石油供給が滞《とどこお》る事態も、場合によっては「存立危機事態」にあたりうるというのです。また、「密接な関係にある他国」とはどこなのかも曖昧です。実際には、米国だけでなく韓国やオーストラリアなど米国の同盟国や友好国をも含んで拡大しうるものです。

他国軍への歯止めなき後方支援（＝兵站《へいたん》活動）

これは、さらに2つの場合に分けられます。ひとつは、「日本の平和と安全に影響を与える」事態と政府が判断した場合に行われる他国軍への後方支援です。これまで日本に大きな影響がある場合に可能だった自衛隊の後方支援は、日本周辺で起こる有事、とりわけ朝鮮半島有事を想定した「周辺事態」の場合だけでした（周辺事態法）。今回の安保法制は、「周辺事態」という概念《がいねん》を廃止することで地理的な制約を取りはずし、あらたに「重要影響事態」という概念をつくりだして、「日本の平和と安全に影響を与える」事態なら地球上どこでも後方支援を実施することができるようにしました（周辺事態法を改正した重要影響事態法）。

これだけでも大きな変更ですが、他国軍への後方支援が可能とされたのは、これにとどまりません。「日本の平和と安全」に直接関係がなくても、「国際社会の平和」のために米軍や他国軍に自衛隊が後方支援を行うことも可能となったのです（唯一の新法である国際平和支援法）。これまでも、たとえば2001年からのアフガニスタン攻撃に際して、海上自衛隊がインド洋で米軍をはじめとした他国軍の艦船に燃料や水などを補給する活動を行ったり（テロ対策特別措置法）、2004年からはイラクで航空自衛隊が復興支援物資だけでなく他国軍要員までを対象とした輸送活動を行ったりしました（イラク特別措置法）。ただし、これらはあくまで「特別措置法」という活動期間や地域、内容も限定された時限立法で行われましたが、今回の「国際平和支援法」は恒久法《こうきゅうほう》です。つまり、「国際平和のため」という名目が立てば、いつでもどこでも米軍などに対する後方支援を行うための自衛隊派遣が恒久的に可能となる法律がつくられたということです。

派遣された自衛隊の活動できる範囲も拡大します。これまでは、他国の武力行使と一体化しないものだと強調するために、自衛隊が活動できるのは「後方地域」（周辺事態法、1999年）や「非戦闘地域」（アフガンやイラクの特措法、2001年・03年）だけだとされてきました。実態を反映していたかはともかく、建前《たてまえ》上は自衛隊の活動している場所で「戦闘は起こりえない」という限定を設けていたわけです。ところが、安保法制でこれらの概念は廃止され、「現に戦闘を行っている現場」でなければ自衛隊は活動できることになったのです。

そもそも「後方支援」とは、武力行使そのものではありませんが、それを可能にするための物資や人員の輸送、弾薬などの提供を含む「兵站活動」であり、国際的には戦闘行為の一部と理解されています。このような活動を、武力行使と一体化してはならないはずの自衛隊が「現に戦闘が行われていない地域」ならどこでも実施できるようになるわけです。これは、実際に活動する自衛隊員をこれまで以上に生命の危険にさらすことになるでしょう。それにもかかわらず、政府は「自衛隊員のリスクは増大することはない」と言いつづけています。

後方支援で輸送や提供ができる対象も広がり、今回の安保法制であらたに「弾薬」の支援ができることになりました。これまで自衛隊は、「他国の武力行使と一体化することを防ぐため」との理由から、武器・弾薬以外の物資の輸送や提供に限ってきました。安保法制はこのうちの「弾薬」の支援を可能にしたのです。「弾薬」には、銃弾からミサイルまで実にさまざまなものが含まれます。戦闘行為への直接的支援という性格を限りなく強める改正です。

国連が管轄《かんかつ》しない多国籍軍型の「国際平和協力」活動も可能に

国際連合（国連）が管轄して行われる平和維持活動（ＰＫＯ）に一定の条件で参加することを定めてきたＰＫＯ協力法が改正され、あらたに、国連が管轄しない有志国による多国籍軍が行う「国際平和協力」の活動にも参加できるようになりました。これによって、中立性の疑われる「有志連合」による武力行使に加担する危険性が高まるおそれがあります。

行える活動の内容も、人道復興支援活動だけでなく、実力行使をせまられる可能性が高い治安維持活動などの任務も可能となり、それに合わせて、これまで自衛隊員やその管理下の人たちの生命を守るためにしか認められていなかった武器使用（「正当防衛・緊急避難のための武器使用」）が、任務遂行《すいこう》にあたって障害を排除するためにも可能とされました（「任務遂行のための武器使用」の解禁）。このなかには、活動中の自衛隊が、他国軍兵士やNGOなどの民間人が武装集団に襲われるといった危険に陥った場合、その現場に駆けつけて武器を使って助ける「駆けつけ警護」も含まれています。

国連が管轄するPKOですら近年は軍事的色彩を強めているなかで、中立性の疑われる「有志連合」の活動にも参加するようになれば、米国などの「有志連合」がドイツやフランスなどの反対を押し切って始めたイラク戦争のときのような誤《あやま》った武力行使とその後の占領統治に加担《かたん》してしまう、といったことも起こりうるでしょう。現在行われている米仏やロシアなどによる、いわゆる「イスラム国（IS）」に対する攻撃の例をみても、その代償が国内外での「テロ」事件などといったかたちで現れることは避けられません。中立性の疑わしい活動への参加は、よりいっそうこうした危険性を高めるかもしれません。

「有事」以外でも他国軍を自衛隊が「守る」ことが可能に

自衛隊法が改正され、あらたに「我が国の防衛に資する活動」を行う米軍や他国軍の艦船や武器などを自衛隊が「防護」することが可能とされました。これまで自衛隊は、先にふれた「正当防衛・緊急避難」のためには武器を使用することが認められており、その延長線上で、自分たちの武器を外敵の攻撃から守るために使用することも許されていました（「武器等防護」と呼ばれます）。これらはあくまで「自己防衛」のための最低限の範囲内で認められた武器使用でしたが、今回の法改正では、この「武器等防護」のための武器使用が可能な「防護」対象を拡大し、「我が国の防衛に資する活動」を行う他国軍の武器等を守るためにも自衛隊が武器を使用することを可能としたのです。「我が国の防衛に資する活動」のなかには、米軍が自衛隊と共同で行う軍事演習や、日米共同で行われる警戒監視《けいかいかんし》活動なども含まれます。

具体的には、たとえば米軍が自衛隊との共同演習中に、ある国の軍に攻撃や威嚇《いかく》を受けた場合、自衛隊が駆けつけて「米軍の武器である艦船を守る」という建前で応戦することも可能になったのです。これは、本来の「武器等防護」の考え方とは異質のものであり、他国軍を「守る」ための武器使用（つまりは、共同での応戦）をしたいがための「こじつけ」と言わざるをえません。

さらに重要な点は、こうした事態は大規模な武力攻撃が生じるなどの「有事」ではない状況で起きることが想定されているということです（「グレーゾーン事態」と呼ばれます）。自衛隊が他国軍を守るために武器使用を行えば、当然、攻撃を受けた相手側も反撃するでしょう。最初は「有事」ではない状況下における小競《こぜ》り合いかもしれませんが、こちらから武器を使用すれば、反撃の応酬が結果として「有事」を招いてしまう危険性があります。こうした危険は、尖閣《せんかく》諸島をめぐる紛争が存在する東シナ海や同じような領土紛争で地域諸国が対立している南シナ海で起こるかもしれません。「平和」のためと称して武器を使用することが、かえって紛争を悪化させてしまうおそれがあるのです。

安保法制の本質——歯止めのない対米支援法

こうして概観《がいかん》してみると、安保法制全体がもつ基本的な性格が浮かび上がってきます。一言で言えば、それは「歯止めのない対米支援法制」です。すなわち、地理的制約をはずし武力行使の制限もできるだけ緩和《かんわ》して、自衛隊が米軍をはじめとした他国軍とともに軍事的な作戦に参加することを可能にしようとする方向性なのです。これからの自衛隊派遣は、日本に「平和と安全」をもたらすどころか、無用な紛争を拡大し、暴力の連鎖という悪循環をつくりだしてしまう危険性があります。これこそ、安保法制が「戦争法」と批判される所以《ゆえん》です。

もちろん、「日米同盟は日本の平和にとって重要だ」という人もいるでしょう。しかし、もし仮に在日米軍が日本の平和に何らかの貢献《こうけん》をしてくれるとしても、そのために、今回の安保法制が想定するような地球規模でさまざまな軍事活動に参加できるようにすることが必要なのかどうか、といった点は冷静に議論する必要があるでしょう。2015年11月にフランスで起きた「同時多発テロ」事件が大きな注目を集めた背景には、深刻な状況が続く中東の紛争の原因をつくり、軍事的介入を繰り返してきた先進国で起きた大規模な事件だったことがあります。深刻化する世界の紛争をどう解決するのか――この問いへの答えは決して、「軍事力を強化すれば良し」というような単純なものではありえません。しかし、安保法制が示す方向性は、まさにこうした軍事一辺倒《いっぺんとう》の安全保障政策です。それを、あってはならない「違憲の法律」として成立させてしまったことは、これからの日本にとってきわめて大きな問題だと言わざるをえません。

参考文献
集団的自衛権問題研究会「安全保障法制の焦点（1～3）」『世界』2015年6～8月号
吉田遼「「安保政策の大転換」にどう向き合うか」NPO法人ピースデポ編著『イアブック核軍縮・平和〈2014〉――市民と自治体のために』緑風出版、2014年
吉田遼のブログ「東アジア平和の創造力」(https://peaceineastasia.wordpress.com/)

コラム1

日米防衛協力のための指針（通称：ガイドライン）とは何か

梶原　渉

2015年4月29日、安倍《あべ》晋三《しんぞう》首相は米国連邦議会上下両院合同会議で、安保法制（以下、戦争法）の制定にその年の夏までに取り組むと明言しました。やや長くなりますが、該当部分をみてみましょう。

「日本はいま、安保法制の充実に取り組んでいます。実現のあかつき、日本は、危機の程度に応じ、切れ目のない対応が、はるかによくできるようになります。

この法整備によって、自衛隊と米軍の協力関係は強化され、日米同盟は、より一層堅固になります。

それは地域の平和のため、確かな抑止力をもたらすでしょう。

戦後、初めての大改革です。この夏までに、成就《じょうじゅ》させます。

ここで皆様にご報告したいことがあります。一昨日、ケリー国務長官、カーター国防長官は、私たちの岸田外相、中谷《なかたに》防衛相と会って、協議をしました。

いま申し上げた法整備を前提として、日米がそのもてる力をよく合わせられるようにする仕組みができました。一層確実な平和を築くのに必要な枠組み

図　防衛省が考えていたガイドラインと戦争法の関係

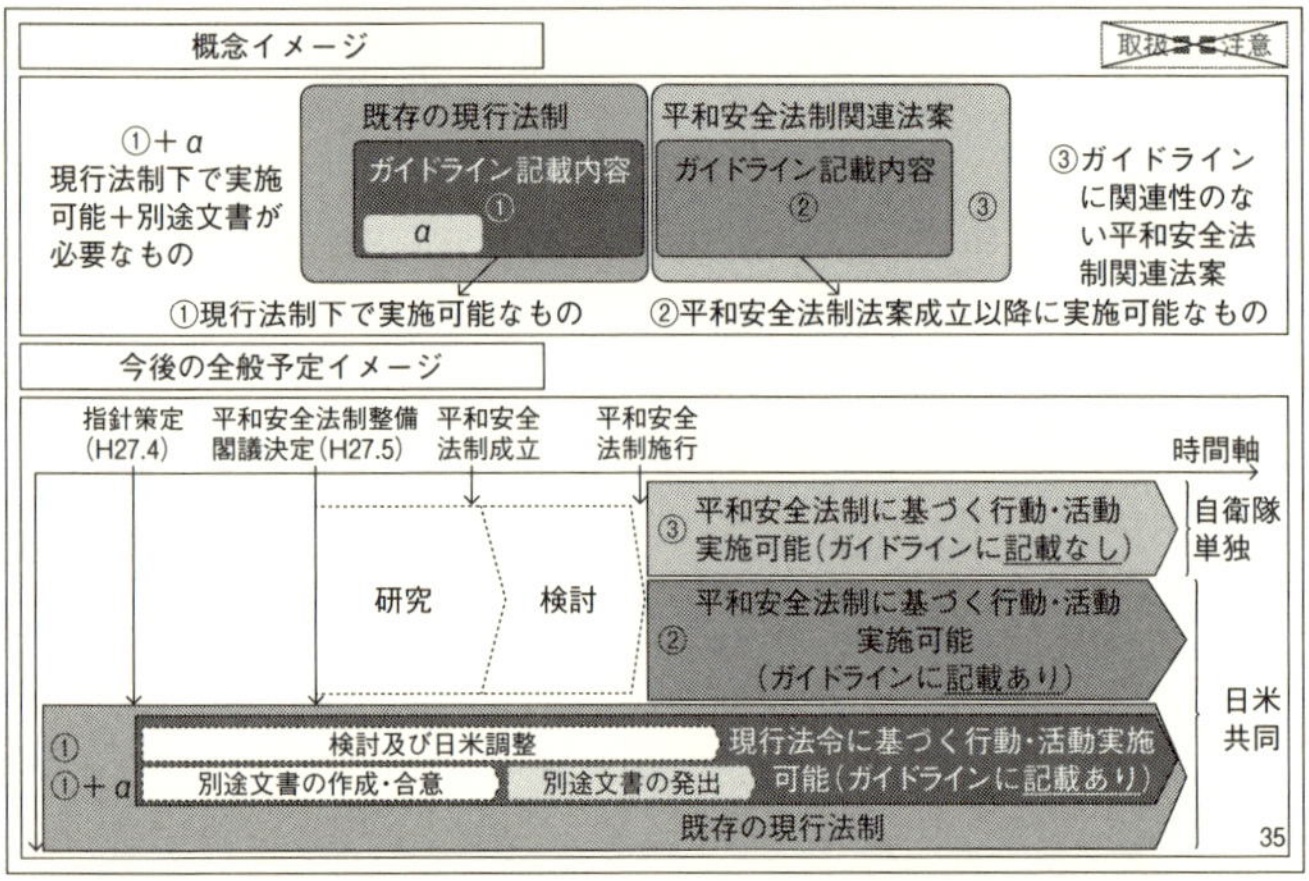

（出典）小池晃参議院議員が2015年8月11日に統幕文書を暴露したことを受けて，同月18日に防衛省が国会に提出した資料より作成（『しんぶん赤旗』2015年8月18日付も参照）。

です。

　それこそが、日米防衛協力の新しいガイドラインにほかなりません。昨日、オバマ大統領と私は、その意義について、互いに認め合いました。皆様、私たちは、真に歴史的な文書に、合意をしたのです」（首相官邸ウェブサイトより）。

　安倍首相が戦争法制定を日本国民ではなく、しかも法案提出前にアメリカ連邦議会に約束したという点で批判された演説でした。

　ここで述べられているガイドラインについて、2015年8月11日の参議院安保法制特別委員会で、日本共産党の小池《こいけ》晃《あきら》参議院議員が統合幕僚監部《とうごうばくりょうかんぶ》の内部文書を暴《ばく》露《ろ》しました。文書では、ガイドラインのなかで、現行法制（2015年5月当時）で実施できるものと、「平和安全法制（＝戦争法）」の制定後に実施できるものとが分けられています（図参照）。戦争法が、ガイドラインの具体化そのものであることがあけすけに語られています。

2015年ガイドラインの特徴

日米安全保障条約では、日本の施政下の領域における、日米いずれか一方に対する武力攻撃に対して共同して反撃すること（第5条）、アメリカは日本の安全および極東《きょくとう》の平和と安全維持に寄与するため、日本の領域内で施設や区域を使用できること（第6条）が定められ、条約の実施にあたって随時協議すること（第4条）となっています。これらの具体化は、日米両政府の裁量にゆだねられています。そのひとつが、「日米防衛協力のための指針（通称：ガイドライン）」です。これまで、1978年、1997年につくられ、今回は2回目の改定となります。78年ガイドラインでは、あくまで日本に武力攻撃が行われた場合の日米防衛協力が決められ、日本の領域外の極東地域における有事の際の協力のあり方は具体化されず、研究対象とされていませんでした。97年ガイドラインでは、前年に日米首脳が交わした「日米安保共同宣言」において「米国が引き続き軍事的プレゼンスを維持することは、アジア太平洋地域の平和と安定の維持のためにも不可欠である」とされたのを受けて、「周辺事態」という概念が生みだされました。想定されていたのは、朝鮮半島における有事でした。

既存のガイドラインと比べると、2015年ガイドラインの特徴が以下のように浮き彫りになります。

どこでも自衛隊と米軍が協力する

2015年ガイドラインでは、「同盟のグローバルな性質」がうたわれ、米軍と自衛隊が協力する範囲が飛躍的に広がりました。「周辺事態」から地理的制約が取り払われて「重要影響事態」となり、地球上どこで起きた有事でも自衛隊は米軍にさまざまな支援・協力を行うことになりました。「V. 地域の及びグローバルな平和と安全のための協力」という章があらたに設けられ、アジア・太平洋地域を越えて地球規模で日米が活動することとされています。

また、宇宙やサイバー空間においても、これらの領域が安全保障上重要であるとして、日米間の緊密な協力を行うとされています。

どんな場合でも自衛隊と米軍が協力する

今回のガイドラインの目的では、「切れ目のない、力強い、柔軟《じゅうなん》かつ実効的な日米共同の対応」が強調されています。

具体的には、「A. 平時からの協力措置《そち》」、「B. 日本の平和及び安全に対して発生する脅威《きょうい》への対処（重要影響事態）」、「C. 日本に対する武力攻撃への対処行動」、「D. 日本以外の国に対する武力攻撃への対処行動」、「E. 日本における大規模災害への対処における協力」の5つです。「切れ目のない対応」とは、いかなる場合であっても自衛隊と米軍が協力する体制をつくるということが項目だけをみてもわかります。

自衛隊と米軍はどんなことでも協力する

右に述べたA~Eのそれぞれにおいて、「海洋安全保障」、「アセット（装備品など）の防護」、「後方支援」など、協力の内容が定められています。

注目すべきなのは、第一に、Aの場合であっても、武力行使をともなう協力内容が決められていることです。たとえば、「アセット（装備品など）の防護」は「連携《れんけい》して日本の防衛に資する活動に現に従事している場合であって適切なとき」に日米相互に武器などの装備品を武器で護《まも》るというものです。戦争法では、自衛隊法改正で具体化されています。

第二に、後方支援の役割が大きくなり、その内容に限定がなくなりました。大規模災害を除いたすべての場合に後方支援が行われます。後方支援は、「適切な場合に、補給、整備、輸送、施設及び衛生を含むが、これらに限らない」とされ、2014年7月1日の閣議決定で後方支援の歯止めが取り払われたのを受けたものです。

第三に、集団的自衛権行使容認の閣議決定を受けて、Dにおいて自衛隊が海外で武力行使をすることも盛り込まれています。集団的自衛権行使の新3要件がそのまま入れられています。

最後に、日本とアメリカの平和と安全を達成するために必要なあらゆる措置が必要として、それぞれの場合で列挙されている協力内容に限らない追加的措置をとるとされています。全体として、協力内容に限定はありません。

日本はアメリカ以外の国とも協力する

ガイドラインは、「日米防衛協力のための指針（傍点は筆者）」ですが、集団的自衛権を行使する以外の場合でも、「三か国及び多国間の安全保障及び防衛協力を推進し及び強化する」ことも今回の改定ではじめて入れられました。対テロ戦争や、いわゆる「イスラム国（IS）」への「有志連合」などが想定されているものと考えられます。

自衛隊と米軍の緊密性を強化

今回のガイドラインでは、「Ⅲ．強化された同盟内の調整」という章が新設され、「同盟調整メカニズム」を常設し、情報の共有・交換、平時からの訓練・演習といったさまざまな措置をつうじて、緊密な協議ならびに政策面および運用面の的確な調整を行うこととされています。

小池議員が暴露した統幕文書では、「同盟調整メカニズム」の内部に「軍軍間の調整所」をおいてその運用を検討することも盛り込まれていました。自衛隊が、普通の軍隊と同等に扱われ、政治によるコントロールを効かせない部分もつくられようとしていたのです。

何が問題なのか

時代遅れの「抑止力」一辺倒《いっぺんとう》の対応

今回のものも含めて、三次にわたるガイドラインの根底にある基本的な考え方は、核兵器を含むアメリカの軍事力で日本の安全を守るという「拡大抑止」です。核兵器によるものを特に「核の傘《かさ》」と言います。「拡大抑止」の信頼性を高めるということで、日本によるアメリカの軍事戦略への協力が強化されてきました。

しかし、そのようにして日米間の軍事協力を強化してきたなかで、北朝鮮は核兵器を保有するにいたり、中国は軍事力を増大させています。「拡大抑止」や「核の傘」にもとづく対応が有効である保障はまったくありません。これらにかわる、平和的・外交的措置が必要ではないでしょうか。

二重の非民主性

今回のガイドラインをめぐっては、日米安保条約改定にも匹敵《ひってき》するような変更を、日米行政当局だけで決めるのはおかしいという議論が多くみられました。閣議決定による憲法解釈の変更と同じで、非民主的な手法に正統制はありません。

これだけも十分非民主的ですが、視野を広くして考えてみましょう。グローバルに日米同盟の役割を発揮することが今回のガイドラインでうたわれていますが、地球規模で起こるさまざまな安全保障上の課題は、アメリカと日本だけで対処できるものではありませんし、対処すべきでもありません。世界一の軍事大国とその有力な同盟国が軍事的協力をさらに強めることは、多くの国が対等な立場でかかわる、国際連合などの国際機関や東南アジア諸国連合（ＡＳＥＡＮ）地域フォーラム（ＡＲＦ）などにおける紛争の平和的解決のしくみを弱めかねません。

すでに始まっている具体化

ガイドラインの具体化が始まっていることも指摘しなければなりません。２０１５年７月、オーストラリア北部で、日米豪三か国による合同軍事演習「タリスマン・サーベル」が行われました。イギリス紙『ガーディアン』は、中国がかかわる領土をめぐる緊張に対応すべく行われた合同軍事演習にはじめて日本が参加したと報じました（同電子版2015年7月5日付）。ガイドラインの「平時からの協力措置」には「訓練・演習」がはいっています。わたしたちの知らぬ間に、他国との海外での戦争体制づくりの根拠となっているのです。

2015年ガイドラインは撤回《てっかい》を

こうした中身をもつ2015年ガイドラインは、撤回するしかないことは明らかでしょう。自衛隊と米軍の協力のあり方は抜本的《ばっぽん》に見直されなければなりません。わたしたちは、戦争法がガイドラインの具体化である点をしっかりとふまえて、日米関係を厳しくチェックしていく必要があります。

2 「一国平和主義」を卒業して、日本も「積極的」に国際協力すべきでは？

真嶋麻子

「現在の世界では、どの国も一国で自らの平和と安全を維持することができず、国際社会は日本が平和と安定のため一層積極的な役割を果たすことを期待している」――２０１２年12月に第二次安倍政権が誕生してから、頻繁《ひんぱん》に耳にするフレーズです。最近では、「積極的平和主義」という言葉を使って、日本とアジアおよび国際社会の平和に貢献《こうけん》していくことが「国家安全保障戦略（National Security Strategy: ＮＳＳ）」（２０１３年12月17日閣議決定）において明記されました。

安倍首相自身は、２０１３年9月に米国の保守系シンクタンク・ハドソン研究所のスピーチで、はじめて「積極的平和主義」という言葉を公的に用いたとされています。しかし、日本の保守勢力が憲法のもとでの平和主義を「自国だけが平和であれば、それでよい」と考える「一国平和主義」だと批判し、安全保障政策の転換を渇望《かつぼう》するのは、いまに始まったことではありません。安倍首相が率《ひき》いる安全保障政策では、どのように

「積極的に」国際社会に関与し、それを通じてどのような「平和」を達成しようとしているのでしょうか。

「積極的平和主義」とは?

まず、「積極的平和主義」の立場からの安全保障政策の内容をNSSにもとづいて確認しておきましょう。NSSは、1957年の「国防の基本方針について」にかわる、外交・防衛政策の基本方針として位置づけられ、日本をとりまく安全保障上の課題から国益を守るために、とるべきアプローチが示されています。

グローバルな課題としてあげられているのは、中国をはじめとする新興国《しんこうこく》が引き起こすパワーバランスの変化、大量破壊兵器の拡散《かくさん》、国際テロ、海洋・宇宙・サイバー空間における利害の衝突《しょうとつ》、貧困や感染症などの地球規模の課題、自由なグローバル経済を妨げる新興国の保護主義的傾向です。また、アジアにおける課題では、北東アジア地域における地域的な協力枠組みの不在、北朝鮮の軍事力の増強と挑発《ちょうはつ》行為、中国の軍事力の強化と不透明性があげられています。広範囲にわたる問題が日本の平和と安全を揺るがす要因として認識されている一方で、特に中国や北朝鮮に由来する脅威《きょうい》が安全保障戦略の中心を占めていることがわかります。

「積極的平和主義」は、日本の安全に対する以上のような認識にもとづいて、軍事力を用いることも辞さずに脅威を取り除いて「平和」を達成しようとするものです。NSSの発表の直前には特定秘密保護法が国会で強行採決され、発表と同じ日に防衛計画大綱《たいこう》の改定、その後、「防衛装備移転三原則（新武器輸出三原則）」（コラム2参照）、集団的自衛権の容認および「開発協力（ODA）大綱」の閣議決定が次々と遂行されています。加えて、2015年4月27日に改定の合意がされた日米防衛協力のための指針（2015年ガイドライン）ではいっそう踏みこんで、平時から緊急事態までのあらゆる状況で、「アジア太平洋地域及びこれを越えた地域」の安定のために米軍に協力することが明記されました（コラム1参照）。「積極的平和主義」によって、日本がアメリカの世界的な軍事戦略の一端《いったん》をになうことは明白です。

なぜ「積極的平和主義」を持ち上げているのか？

以上のように、日本政府は「一国平和主義」の否定の延長として、「積極的平和主義」を掲げた外交・防衛戦略にもとづいて、「武力行使をしない」という一線を越える準備を着々と進めています。

ただし、注意が必要なのは、武力行使に対する日本政府の積極的な志向はこの数年に始まったことではなく、日本の保守支配層にとっては過去四半世紀にわたる悲願でもあったという点です。冷戦後の世界がはじめに直面したのは、1990年にイラクのクウェート侵攻をきっかけに始まる湾岸《わんがん》戦争でした。「一国平和主義」への批判者たちは、日本が湾岸戦争に人的な貢献をしなかったことを悲観し、アメリカの主導する軍事行動への参加に執念《しゅうねん》を燃やすようになりました。世界各地でわき起こる自由な市場秩序を揺るがす挑戦に対応するために、アメリカが日本に「ともに血を流せ」とせまりつづけてきたことがその背景にあります。

日本政府は、1997年ガイドラインで日本の「周辺地域」でのアメリカの軍事行動への後方支援を認め、「周辺事態法」（1999年）、「テロ対策特別措置法」（2001年）、「イラク特別措置法」（2003年）を次々と制定しました。これらによって、自衛隊が日本の域外で米軍を後方支援し、外国の領土に進駐することで、対テロ戦争を支える役割をになうこととなりました。他方で、この2000年代前半までの法律には、「自衛隊の派遣は非戦闘地域に限る」といった制約がつけられていたことも注視しておくべきでしょう。日本を武力行使に参加させないための運動が、政府や保守支配層の試みを完結させない力として働いてきたことを示すものです。

同時に、集団的自衛権の行使容認に代表される現在の動向は、地理的な制約や戦闘地域か非戦闘地域かを問わず、「どんなときにでも」武力行使ができるように自衛隊を派兵するねらいを露《あら》わにしていることに、これまでとは異なる「積極性」が表れています。このことと関連し、2015年1月にいわゆる「イスラム国（IS）」の手によって日本人が拘束《こうそく》・殺害された事件が起こり、これに乗じて「積極的平和主義」を強調した自衛隊の海外派兵の議論が加速化していることも見逃せません。

何が問題なのか

日本が軍事力を増強し、アメリカの遂行《すいこう》するグローバルな戦争の一部を分担することによって達成される「平和」はどのような問題を抱えているのでしょうか。

あらためてNSSを振り返ると、日本の安全を守るために、中国や北朝鮮という敵から攻撃を受けないよう日本の軍事力を高めておくこと（抑止）、周辺諸国と同盟を結ぶことによって中国という脅威に対する勢力を均衡《きんこう》させること（バランス・オブ・パワー）が重視されていることがわかります。実は、抑止もバランス・オブ・パワーも、国際関係のなかで自国の存立を守るためにとられる非常に古典的な方法で、「日本を取り巻く安全保障環境の変化」という「新しい」状況への対応はこの域を出ません。国際関係論や国際政治学の教科書で指摘されるとおり、軍事力を前提とした抑止やバランス・オブ・パワーは、相手への不信にもとづく終わりのない軍拡競争を招かざるをえないというジレンマを抱えるものです。中国や北朝鮮を脅威と考え、それに対応するための軍事的な抑止力を強化しようとしても、どこまで強化すれば抑止としての効果が出るのかは不確定であり、逆に地域における軍事的な不安定要因を増してしまう、というものです。

そのような軍事力の強化に頼る「平和」の限界を見すえ、東アジアの平和への脅威を取り除くための信頼を醸成《じょうせい》することこそが、日本の安全保障戦略にとっての優先課題となるのではないでしょうか。たとえば、NSSでは北東アジアには「地域協力枠組みは十分に制度化されていない」という現実を認識しながら、本来は協調関係をつくって平和を達成するという選択肢があるにもかかわらず、中国包囲網をつくって中国を孤立させて日本の安全を達成しようと提案しているようです。これではあまりに視野の狭い戦略です。

また、国際社会による共同の軍事行動や国際連合（国連）がアフリカやアジアの紛争地域に派遣する平和維持活動（ＰＫＯ）などに、「積極的平和主義」の立場で参加するということもしばしば言われます。たしかに「国際的な平和協力」であれば、「アメリカへの軍事協力」よりは恣意的《しいてき》ではなさそうです。しかし、国際社会に共通の関心を扱っているかにみえる平和協力であっても、それが実をともなっているのかどうかは慎重な判断が必要です。

たとえば、湾岸戦争は冷戦期に長く対立していた国際社会がようやく実現した共同の軍事的制裁《せいさい》行動と考えられました。国連安全保障理事会決議においてイラクのクウェート侵攻が非難され、多国籍軍が軍事的制裁によって対処したためです。アメリカが主導する多国籍軍にとって、イラクという国の存在は、「国際法を破ってクウェートへの侵略行為に走った国」であるのみならず、「世界市場秩序に不可欠な中東地域の安定を揺るがす国」でした。そうであるなら、イラクへの軍事的制裁は、中小国や一般市民を含めた国際社会にとっての共通の利益であったのかどうかは怪しくなってきます。

また、平和と安定を維持するための国際的な共同行動には、共同の意思を確立するためのプロセスも重要ですが、アフガニスタン（２００１年）やイラク（２００３年）に対してアメリカが主導した攻撃は、その点でも問題があったと言わざるをえません。アフガニスタン攻撃については9・11同時多発テロのショックが大きく影を落とすなか、「テロがもたらす国際の平和及び安全に対する脅威に対してあらゆる手段を用いて戦うことを決意する」とした安保理決議があがったものの、これが武力行使を容認したとみなすことができるかどうかについては意見の分かれるところですし、イラク攻撃にいたっては安保理決議のないままにアメリカとイギリスが踏み切ったものでした。加えて、たとえば２００３年3月のイラク攻撃から２０１５年7月までに戦闘や自爆テロ、空襲《くうしゅう》の犠牲となった民間人は16万人以上にのぼります（「イラク・ボディ・カウント」集計）。多国籍軍が介入したあとのアフガニスタンやイラクなどが、いまでも民族や宗派の対立と政治的混乱を経験しつづけていることも記憶しておく必要があります。日本が参加してきた、あるいはこれから参加する「国際的な平和協力」が、常に国際社会の総意にもとづくものでも、最善策《さいぜんさく》と考えられるものでもない可能性があることを批判的に検討し、国際協力のあり方を見定めなければなりません。

国連ＰＫＯの場合には、紛争当事国の受け入れ同意と、対立するいずれの勢力にも味方しないという中立の原則を有している点で、普遍《ふへん》的な国際社会の総意や原則に即したものであると言えるかもしれません。ただしこの場合にも、ＰＫＯの派遣は、基本的には国連安保理の決議に依拠《いきょ》していることには注意が必要です。安保理の決議によってＰＫＯの派遣や任務、撤退《てったい》が決まるということは、一方で国際社会がＰＫＯを法的・政治的に統制しているものとも理解できます。しかし他方で、アメリカ、イギリス、フランス、ロシア、中国という常任理事国の一か国でも反対すれば、安保理は平和協力を開始する決議をあげることすらできません。ＰＫＯも五大国の政治的意思に決定的に左右されるという限界を抱えているのです。すなわち、この場合にも、国連ＰＫＯが常に国際社会のとりうる最善の紛争対応策であるとは限らないということになります。わたしたちは、これまでに行われてきた、あるいは、これから行われる「国際的な平和協力」が何を実現するためのものであるのかを冷静に吟味《ぎんみ》して、それに協力したり修正を求めたりすることが必要となるでしょう。

Proactive Peace と Positive Peace

今日頻繁に言及される「積極的平和主義」にあてられる英訳は Proactive Peace であり、Proactive とは自国の平和と存立を脅《おびや》かす事態に先んじて――しかも武力行使も辞さずに――行動することを指します。この意味での「積極的平和主義」の問題点をふまえ、国際社会の平和のために協力したいと考えるわたしたち日本の市民は、どのような代替的なアイデアをもって平和の達成をめざすことができるのでしょうか。

平和学で長年議論されてきた「積極的平和」とは、安倍首相の言う「積極的平和主義」とはまったく別の観念であることを再確認することが、市民の手による平和を構想するときの参考になるでしょう。通常、平和学では、その先駆者のひとりであるヨハン・ガルトゥングの議論に着想を得て、暴力がない状態を「平和」とし、そのなかでも差別や抑圧、搾取《さくしゅ》といった構造的に埋め込まれた暴力がない状態のことを「積極的平和（Positive Peace）」と呼んでいます。さらに、選民意識やナショナリズムなど、直接的・構造的暴力を正当化する文化のさまざまな面にも暴力の存在を見出しています。そうした視点からすると、平和とは、直接的暴力をなくすのみでなく文化的・構造的暴力をなくすことで達成されるものです。すなわち、「平和」とはあらゆる形態の暴力を排除することであり、平和の達成のためにあらたな暴力を用いることとは大きく矛盾《むじゅん》します。つまり、「積極的平和」と「積極的平和主義」とは正反対の概念だということになります。「積極的平和主義」を掲げることで日本そのものがあらたな暴力の行使者とならないようにすることが、いま必要です。

参考文献

ヨハン・ガルトゥング『構造的暴力と平和』高柳先男・塩屋保・酒井由美子訳、中央大学出版部、1991年

松井芳郎「日米安保体制の変容と集団的自衛権」『世界』2015年3月号

渡辺治・岡田知弘・後藤道夫・二宮厚美『〈大国〉への執念――安倍政権と日本の危機』大月書店、2014年

コラム2

武器輸出政策のねらい
──武器輸出三原則から防衛装備移転三原則へ

山崎文徳

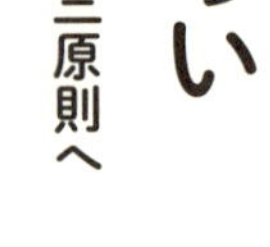

自民・公明連立政権が、米国とともに戦争できる国づくりをめざすなかで、軍隊だけでなく兵器生産においても根本的な転換がはかられています。戦後、平和憲法のもとで日本の軍隊が海外の戦争に戦闘参加していないのと同様に、武器輸出三原則のもとで、基本的に日本製の兵器（武器）は戦争で使用されてきませんでした。この武器禁輸政策が根本的に転換されようとしているのです。

武器輸出三原則の対米緩和

武器輸出三原則の起源は、１９６７年4月の佐藤栄作《さとうえいさく》首相の国会答弁にあります。当時は武器輸出が禁止されていませんでしたが、ベトナム戦争の激化を背景に、①共産圏（ソ連を中心とする社会主義陣営）、②国際連合（国連）決議で禁止されている国、③紛争当事国への武器輸出が禁じられました。１９７６年2月には、67年に対象とした地域以外にも武器輸出を慎《つつし》むという三木武夫《みきたけお》内閣の政府統一方針が発表され、実質的にはすべての国と地域への武器輸出が禁じられてきました。

ところが、主に米国に対して、まず武器専用の生産設備、続いて武器の専用部品の輸出が例外的に認められるなど、武器禁輸政策は段階的に緩和《かんわ》されてきました。
まず１９８３年11月の日米両政府間の合意により、武器専用の生産設備や部品の試作品が米国に提供される枠組みができました。実際に、航空自衛隊のＦ－２戦闘機の主翼《しゅよく》を生産する技術が三菱重工業からロッキード・マーチン社に移転され、三菱電機のレーダー部品が米国防総省に提供されました。その後も、自衛隊の海外活動や旧日本軍が中国等に遺棄《いき》した毒ガス兵器の処理にともなう武器等の持ち出しが例外とされました。

さらに２００４年12月、小泉純一郎《こいずみじゅんいちろう》内閣は、武器そのものではありませんが、武器専用の重要部品の対米輸出を例外的に認めました。米国の弾道《だんどう》ミサイル防衛システムを構成する海上配備型迎撃《げいげき》ミサイルＳＭ－３の部品を、米国のレイセオン社と三菱重工業、三菱電機、東芝、川崎重工業、富士通、日産自動車、ＩＨＩが共同で開発・生産し、対米輸出することになったのです。

この流れは民主党政権でも変わらず、野田佳彦《のだよしひこ》内閣は２０１１年12月、平和貢献《こうけん》や国際協力目的の輸出、安全保障目的の国際共同開発・生産であれば、一括《いっかつ》して例外扱いすることを決めました。２０１３年３月には安倍晋《あべしん》三《ぞう》内閣が、日本企業によるＦ－35戦闘機の部品製造と輸出を認め、自衛隊が購入するＰ＆Ｗ社製エンジンの部品をＩＨＩが製造することになりました。Ｆ－35は、米国のロッキード・マーチン社を中心に９か国が国際共同開発し、米国、欧州諸国、日本、オーストラリア、韓国、イスラエルなどで３０００機以上の購入が予定されています。１機の価格は１００億～１６０億円で、防衛省はまず42機の購入を決めました。

官民あげた兵器の売り込み

こうして主に米国に対する武器輸出が例外的に扱われるようになり、最終的に安倍内閣が、武器禁輸の原則を根本的に転換して防衛装備移転三原則を策定しました（２０１４年４月）。旧三原則とは逆に、①条約等の違反国、②国連決議の義務に違反する国、③紛争当事国以外には、積極的に兵器を輸出する姿勢が示されました。

ここで問題は、③の紛争当事国の定義です。旧三原則では国際紛争のおそれのある国も含まれましたが、新三原則では武力攻撃がすでに発生していて国連安全保障理事会が措置《そち》をとっている国に限定されました。日本政府によれば、２０１３年度末時点でそのような国は存在しません。つまり、内戦状態のシリアや、パレスチナに攻撃を繰り返すイスラエル、中東に軍隊を送って軍事行動する米国も対象外なのです。

また、兵器や部品を輸出した相手国から第三国への再輸出や、契約時の目的以外での使用は日本政府の事前同意が義務づけられますが、国連平和維持活動（PKO）などの国際協力や国際共同開発に参加する場合は、管理体制の確認によって事前同意が不要になることも問題です。

こうした問題を抱えながら、すでに重要案件の武器輸出が、国家安全保障会議（NSC）で認められています。

1件目は、地上配備型の航空機迎撃ミサイルPAC-2のジャイロという部品の輸出です。迎撃ミサイルを標的に誘導する際に、ジャイロは、ミサイルが正確な軌道を動くよう姿勢を検知する重要な部品です。開発元のレイセオン社は、弾道ミサイル迎撃用のPAC-3ミサイルの生産に移行しており、迎撃方式が異なるPAC-2のジャイロは生産していません。そのため、ライセンスを受けて航空自衛隊のPAC-2を生産する三菱重工業からの調達を、米国政府が求めたのです。

米国政府の目的は、PAC-2をカタールに売却することでした。カタールは紛争地を抱える中東に位置しますが、日本政府は、米国政府の「適正管理の確実性は高い」として、事前同意なしの第三国移転を認めました。米国は、過去には実質的な紛争国であるイスラエルにPAC-2を輸出したこともあります。さらに、日本のNSCが部品の輸出を許可する前に、米国政府はカタールとPAC-2などの兵器を110億ドル（1兆1000億円）で売却する契約を結びました（2014年の米国の兵器輸出額は約1兆円で全世界の36％。表1）。米国政府は日本政府が部品の提供を認める前提で契約をしましたが、ここに日本政府の意思が入り込む余地はあったのでしょうか。武器輸出における日本政府の自立性にも疑問がもたれます。

2件目は、2013年に参加を決定したF-35に関連する日英の共同研究です。英国のMBDA社などが開発するF-35用のミサイルの精度を高めるために、目標を検知・追尾《ついび》する三菱電機のセンサー技術を組み合わせて性能を分析します。

ほかにも、ロッキード・マーチン社が開発するイージス艦のシステムに必要なディスプレイのソフト（三菱重工業）や部品（富士通）を対米輸出しました。また、オーストラリアは、日、独、仏のいずれかから潜水艦の調達を検討しており、日本政府は提携先の選択に必要な技術

表1　世界の主要な兵器輸出国（億円，1ドル＝100円で計算）

	1950	1960	1970	1980	1990	2000	2010	2014	1950～2014
アメリカ	1,713	5,961	8,634	10,697	10,762	7,591	8,169	10,194	635,766
ソ連／ロシア	3,884	6,507	10,694	17,778	9,734	4,546	5,993	5,971	569,951
イギリス	2,300	2,145	868	1,687	1,877	1,638	1,101	1,704	137,082
フランス	14	1,133	1,643	3,860	1,698	1,166	911	1,978	115,121
ドイツ（西独）	—	156	1,461	1,648	1,834	1,619	2,725	1,200	80,030
中国	—	285	843	949	941	302	1,459	1,083	47,846
イタリア	138	104	275	1,149	205	204	524	786	30,602
チェコスロバキア	17	623	421	784	613	117	5	17	29,138
オランダ	215	36	5	623	409	284	381	561	21,826
スイス	—	442	18	610	404	174	238	350	15,731
スウェーデン	27	38	262	165	243	375	664	394	14,768
イスラエル	—	—	13	274	85	387	647	824	14,234
カナダ	38	50	196	164	101	74	242	243	12,129
スペイン	—	2	70	10	108	46	277	11,110	11,611
ウクライナ	—	—	—	—	—	270	470	664	10,526
合　計	8,371	17,689	25,777	41,809	30,047	19,440	25,631	28,308	1,804,510

（注）「—」は元データに記載なし。
（出所）SIPRI（Stockholm International Peace Research Institute）のデータベースより（http://armstrade.sipri.org/armstrade/page/values.php，2015年11月29日閲覧）。

表2　世界の主要な兵器輸入国（億円，1ドル＝100円で計算）

	1950	1960	1970	1980	1990	2000	2010	2014	1950～2014
インド	140	547	1,109	1,829	2,724	982	2,955	4,243	112,873
中国	2,701	2,431	2	7	214	2,555	937	1,357	74,235
日本	—	894	483	1,043	2,654	483	430	436	61,441
エジプト	163	141	1,807	1,004	576	837	686	292	58,802
ドイツ（西独）	—	2,009	1,393	237	711	113	282	120	55,952
トルコ	104	592	391	483	1,247	1,186	469	1,550	54,156
サウジアラビア	0	17	54	1,094	2,113	85	1,020	2,629	50,560
韓国	162	255	76	911	1,217	1,398	1,274	530	49,019
イラク	—	167	153	2,101	779	—	453	627	48,885
イラン	4	11	1,182	278	454	418	103	13	46,169
台湾	—	428	582	500	392	585	97	1,039	40,898
オーストラリア	462	113	240	391	352	338	1,507	842	34,166
UAE	—	—	69	206	559	247	605	1,031	23,764
ベトナム	—	64	1,177	1,023	116	7	152	1,058	22,922
インドネシア	212	444	28	903	202	151	225	1,200	16,870
合　計	8,371	17,689	25,777	41,809	30,047	19,440	25,631	28,308	1,804,510

（注）「—」は元データに記載なし。
（出所）SIPRI（Stockholm International Peace Research Institute）のデータベースより（http://armstrade.sipri.org/armstrade/page/values.php、2015年11月29日閲覧）。

表3　世界の主要な軍事企業（2010年）

順位	企業名		部 門	総販売額（兆円，1ドル=90円）				利益（億円）	雇用数（人）
					民生	軍事	%		
1	ロッキード・マーチン	米	航空機　電子　ミサイル　宇宙	4.12	4.12	3.22	78	2,633	132,000
2	BAEシステムズ	英	航空機　電子　ミサイル　車輛　小火器・砲　艦船	3.11	3.11	2.96	78	1,504	98,200
3	ボーイング	米	航空機　電子　ミサイル　宇宙	5.79	5.79	2.82	78	2,976	160,500
4	ノースロップ・グラマン	米	航空機　電子　ミサイル　宇宙　艦船	3.13	3.13	2.53	78	1,848	117,100
5	ジェネラル・ダイナミクス	米	大砲　電子　車輛　小火器・砲　艦船	2.92	2.92	2.15	78	2,362	90,000
6	レイセオン	米	電子　ミサイル	2.27	2.27	2.07	78	1,691	72,400
7	エアバス・グループ	欧	航空機　電子　ミサイル　艦船	5.45	5.45	1.47	78	659	121,690
8	フィンメカニカ	伊	大砲　航空機　電子　車輛　ミサイル　小火器・砲	2.33	2.23	1.30	78	664	75,200
9	L-3コミュニケーションズ	米	電子　サービス	1.41	1.41	1.18	78	860	63,000
10	プラット＆ホイットニー（P&W）	米	航空機　電子　エンジン	4.89	4.89	1.03	78	4,240	208,220
11	タレス	仏	大砲　電子　ミサイル　車輛　小火器・砲　艦船	1.56	1.56	0.90	78	54	63,730
25	三菱重工業	日	航空機　ミサイル　車輛　艦船	2.98	2.98	0.27	78	309	68,820
57	IHI	日	エンジン　艦船	1.22	1.22	0.12	78	305	26,040
64	三菱電機	日	電子　ミサイル	3.74	3.74	0.10	78	1,277	114,440
68	川崎重工業	日	航空機　エンジン　ミサイル　艦船	1.26	1.26	0.09	78	266	32,710
70	NEC	日	電子	3.19	3.19	0.09	78	−129	115,840

（出所）SIPRI（2012）*SIPRI yearbook: world armaments and disarmament*, Stockholm: Almqvist & Wiksell, pp. 251–255より作成。

情報（主に三菱重工業や川崎重工業の情報）を提供しています。潜水艦の受注は、特に日本政府が優先している課題です。

このように日本の武器輸出は、米国を中心とする同盟国の兵器生産を補《おぎな》うかたちで実現されようとしています。２０１０年の世界の軍事企業ランキングでは、１位がロッキード・マーチン、６位がレイセオン、10位がＰ＆Ｗ、25位が三菱重工業、57位がＩＨＩ、64位が三菱電機、68位が川崎重工業であり、順位からみても欧米企業を日本企業が支える構造がうかがえます（表3）。

２０１５年10月には、防衛装備庁を発足させ、兵器の輸出や国際共同開発を官民一体で進める体制がととのえられています。

兵器輸出が日本経済におよぼす影響

さらに、武器専用の部品や生産設備だけでなく、民需《みんじゅ》品（汎用《はんよう》品）も兵器生産に取り込まれています。たとえば湾岸《わんがん》戦争（１９９１年）では、米国製の精密誘導爆弾やパトリオット迎撃ミサイル（ＰＡＣ－２）などに日本の電機・電子メーカーの製品がたくさん使用されていました。新旧の三原則で定める「武器」は限られた軍需品だけを含み、軍事用にも民間用（商業用）にも利用可能な幅広い用途をもつ製品は含まれていません。そのため日本政府は、兵器に利用される民需品の輸出は、同盟国向けであれば武器輸出とはみなさず、問題にしていません。

武器輸出というと国産の兵器の輸出をイメージするかもしれませんが、現実には日本の従属的な政治関係のもとで、米国などの兵器生産を補うために、日本企業の技術が組み込まれることが多いのです。防衛装備移転三原則は、それを積極的に推進することの表明です。日本の軍隊が派遣されなかったとしても、日本製品を組み込んだ兵器が海外の戦争で使用され、国民や企業が意図しないうちに、加害の一端《いったん》を背負わされることが懸念《けねん》されます。

武器禁輸政策の根本的転換は、日本の経済と産業にも影響することが考えられます。

戦後の米国では、研究開発や産業の構造が軍事に偏《かたよ》り、民間分野で必要な人材、資金、技術が軍事に吸い取られました。冷戦期は、連邦政府の研究開発支出の4分の3が、国防総省など兵器生産との関係が深い分野に投じられました。２０１３年度の国防費は約６３００億ドル（63兆円）で、政府予算の18・3％、ＧＤＰの３・８％を占めています。一方で、日本の兵器生産は、戦後しばらくは禁止され、その後も平和憲法と世論に制約されてきました。戦争中に軍用機や軍艦を開発した技術者は、戦後は民間分野で経済成長をささえ、限られた資源は民間分野に投じられたのです。

1980年代以降は、日本の電子技術や素材技術、機械技術が世界市場でシェアを広げました。一方で、兵器生産に動員された米国企業は、特殊な軍事環境での性能を求められたり、製造コストの抑制などは二の次とされたために、民間分野での競争力を失いました。その結果、米国の兵器生産に必要な製品や技術が、日本を含む国外企業からも調達されるようになったのです。

したがって、武器禁輸政策を転換して兵器の生産と輸出を拡大し、国際的な兵器生産に参加することは、民間分野における産業・技術の健全な発達を妨《さまた》げ、日本経済に負の影響を与えることにつながります。日本国内では、防衛省などが、大学や研究機関（JAXAやJAMSTECなど）を軍事研究に取り込む軍学共同の動きを強めています。武器禁輸政策を維持して、健全な経済成長をめざすのか否か、その選択が問われています。

参考文献

青井未帆「武器輸出三原則を考える」『信州大学法学論集』5号、2005年

山崎文徳「アメリカ軍事産業基盤のグローバルな再構築——技術の対外「依存」と経済的な非効率性の「克服」」大阪市立大学『経営研究』59巻2号、2008年

3 国家機密はバレたらたいへん。特定秘密保護法、必要でしょ？

矢﨑暁子

秘密保護法ってどんな法律？

そんなのいつできたの？

特定秘密保護法（秘密保護法）を知っていますか？ これから説明するとおり、かなり重大な内容の法律ですが、２０１３年12月６日の成立までおよそ１か月しか審議《しんぎ》されなかったので、知らない人も多いかもしれません。

どんな中身？

秘密保護法は、その第１条の目的で、「我が国の安全保障に関する情報のうち特に秘匿《ひとく》することが必要であるものについて、……特定秘密の指定及び取扱者の制限その他の必要な事項を定め……その漏《ろう》えいの防止を図り、もって我が国及び国民の安全の確保に資する」としています。これだけみると、日本に必要な法律で特に問題がない、と思ってしまうかもしれません。しかし、よく読んでみると、重大な問題点がみえてきます。

まず、（Ａ）「特定秘密」とされている情報をほかの人に漏《も》らしたり、「管理を害する」方法によって入手したりすることを厳しく処罰《しょばつ》します。情報を「入手しようとした」だけ、あるいは「入手しようと話し合った」だけなど、とても広い範囲が処罰対象とされています。

そして、（Ｂ）仕事で「特定秘密」を扱う予定の人とその家族や同居人に対してこまかな身辺調査をして、合格した人だけを職場での「特定秘密取扱者」にするという「適性評価制度」もあります。身辺調査の内容は、「家族の出身国は」、「精神疾患《しっかん》での通院歴は」、「外国人にはどんな知り合いがいるか」などプライバシーに深く踏み込むものです。

しかも、主権者である国民には「国家機密だから」と近寄らせないのですが、他方で（Ｃ）外国の政府や国家機関にはその「特定秘密」を提供してしまう、という、なんともアンバランスな法律です。

「特定秘密」ってどんなもの？

行政機関の長（大臣など）により「特定秘密」に指定されうるのは、①防衛、②外交、③特定有害活動防止、④テロ活動防止の4分野に関する情報で、公《おおやけ》になっていないもののうち、その漏えいが日本の安全保障に著《いちじる》しい支障を与えるおそれがあるため特に秘匿することが必要なもの、とされています。

あらかじめ判断できないことの危険性

しかし、具体的な情報がこれにあたるかどうかのボーダーラインは、とても曖昧《あいまい》です。

たとえば、２０１５年８月、いわゆる安全保障関連法案をめぐる国会審議のなかで、「自衛隊が法案可決を前提にその後の活動のスケジュールを組んだり、法案のなかにない日米の「軍軍間の調整所」の設置を検討していた会議の資料」などの「取扱厳重注意《とりあつかいげんじゅうちゅうい》」の内部資料が暴露《ばくろ》されました（コラム1参照）。これらの資料は、

「特定秘密」とされうる「自衛隊の運用に関する計画」にあたるでしょうか？　判断が難しいなと感じるでしょう。

また、たとえば「敵対国の軍事行動の調査に関する報告書」はどうでしょうか？　公になると調査能力がバレてしまうから、として「特に秘匿を要する特定秘密」とされる可能性は高いでしょう。しかし、過去の経験でも、「満州事変《まんしゅうじへん》」での柳条湖《りゅうじょうこ》事件や、ベトナム戦争でのトンキン湾事件など、「敵にやられた」という「事実」をねつ造して戦争を正当化した例はめずらしくありません。イラク戦争の口実だった「イラクの大量破壊兵器保有」も嘘《うそ》でした。戦争開始に関する「政府の嘘」が違法に秘密指定された場合は、「特に秘匿が必要」という要件を欠きます。ところが、たとえ違法に指定された秘密でも、「実はこんなことが書かれている」という中身を知らせたり知ろうとしたりすることは形式的には「犯罪」とされてしまいます。「実質的には秘密とすべきじゃない」という主張は、逮捕・起訴されて裁判のなかで主張するしかないのです。

表現の自由は萎縮《いしゅく》しやすい権利です。「もしかしたら逮捕されるかも……」というとき、「念のため知らせるのは（知ろうとするのは）やめておこう」と自粛《じしゅく》してしまえば、本来国民が知るべき情報を知らないまま、政府の違法な行為や失策を見過ごしてしまうかもしれません。これでは自由な言論も、それにもとづく民主主義も損《そこ》なわれてしまいます。

「秘密保護法が必要だ」と言っていたけれど……

日本は「スパイ天国」？　これだけあった「情報漏えい事件」……えっこれだけ？

秘密保護法をつくるにあたり、政府は「日本はスパイ天国だ」と説明していました。本当にそうでしょうか。

２０１１年８月に「秘密保全のための法制の在り方に関する有識者会議」が発表した「秘密保全のための法

制の在り方について（報告書）」（http://www.kantei.go.jp/jp/singi/jouhouhozen/dai3/siryou4.pdf/）が秘密保護法の下敷きになっているので、これをみてみましょう。「報告書」には、戦後の日本で起きた「主要な情報漏えい事件等」が仰々《ぎょうぎょう》しくあげられているのですが、なんと驚きの……8件です。

えっこれだけ？　しかもその8件のなかには、2010年に中国漁船と海上保安庁の巡視船《じゅんしせん》との衝突映像を海上保安庁の職員がYouTubeにアップした事件（尖閣《せんかく》漁船衝突ビデオ事件）、公安警察のイスラム教徒監視活動データがWinnyによりインターネット上に流出した事件といった、「明らかにスパイではない事件」も含まれています。「スパイ天国」というイメージ操作に流されないように実際に起きた事件の性質・数をみてみることが肝心です。

秘密を守る法律はすでにあった

「日本には国家機密を守る法律がない」という説明も、間違っています。国家公務員法と地方公務員法は、すべての国家公務員と地方公務員に対して守秘《しゅひ》義務を課していて、職務上知ることのできたあらゆる分野の「秘密」の漏えいを犯罪として禁止しています。また、1954年に制定された日米相互防衛援助協定（MDA）等にともなう秘密保護法は、アメリカから与えられた装備品等に関する情報を「特別防衛秘密」として、これを漏らした者は「何人《なんぴと》も」、すなわち一般市民だろうが、だれだろうが処罰する、としています。さらに、自衛隊法では、自衛隊の運用や施設などに関する広範な情報が「防衛秘密」とされていました（秘密保護法ができたため自衛隊法の規定は削除されました）。

先に書いた「漏えい事件等」も、自衛隊法、MDA秘密保護法、国家公務員法によりそれぞれ検挙《けんきょ》されています。そのため、「国家機密を守る法律がなかった」というのは誤りです。

広すぎる「国家機密」

さらに、各省庁はそれぞれのもつ情報を勝手な基準で「秘」「部内秘」「省秘」などとして「秘密」にしてきました。いまでもたとえば「各国にある日本大使館が（税金で）買ったワインの銘柄《めいがら》」さえ「外交機密」として隠されています。また、尖閣漁船衝突ビデオ事件では職員が国家公務員法違反に問われましたが、あの映像のどこが「秘密」なのでしょうか？ 当時野党だった自民党も「秘密にする理由がない」と批判していました。

このように、日本では国家機密どころか、隠す理由のない情報までも「秘密」にして隠してきたのです。

本当の理由は何？

「秘密保護」と「情報統制」と戦争

2007年、日米政府間で日米軍事情報包括《ほうかつ》保護協定（GSOMIA）が結ばれました。戦争や「平和維持活動」などで外国軍との共同行動を増やせば、情報も共有することになります。そこで、アメリカから情報保護制度の強化や日本の機密情報の提供を求められたのです。秘密保護法には、外国と一緒に戦争に参加する準備という側面があるのです。

戦争を支える情報統制

戦争を支えるのは情報統制です。秘密保護法は戦争を批判させないための情報統制に大きな役割を果たしえます。戦争では、たとえ「後方支援」や治安維持活動であっても、殺し・殺される命がけの現場に兵士を送ることになります。国民は自由に海外渡航できなくなり、軍事費がかさめば増税や社会保障支出の抑制《よくせい》も生じます。そのため、正当性が不明確なまま参戦した、とか、自国軍が民間人への爆撃に関与した、など、政府にとって都合の悪い「外交」「防衛」分野の情報は、もっとも国民に知らせたくないものとなります。とりわけ戦争開始判断にかかわる情報は、「この戦争は本当に正しいのか、日本がかかわっていいのか」という一番重要な情報ですが、それだけに政府が自らを正当化するため、ねつ造してきた歴史をもちます。政府の答弁によれば、このもっとも重要な情報さえも「特定秘密」として隠される危険が残されています。

排外主義《はいがいしゅぎ》の助長

また、秘密保護法の第二の柱である適性評価制度は、戦争遂行《すいこう》を支える「排外主義」とかかわっています。適性評価制度は、家族の国籍や帰化歴《きかれき》、外国人との交友関係（名前も書かせます）、海外渡航歴など「外国・外国人との関わり」を評価項目にあげています。どの国とのかかわりがプラスに評価され、どの国がマイナス評価なのかは示されてはいませんが、外国、おそらくとりわけ日本政府が敵視している外国とのつながりが深いほど、「特定秘密」を取り扱う省庁や民間企業で、就職や人事上の差別を受けるおそれがあるというわけです。「外国人と親交があること」が人事でマイナス評価につながるとしたら、外国人と仲良くしたり、外国人差別に抗議するのをためらってしまいませんか？

戦争に異を唱える行動を萎縮させる

さらに、戦時には、戦争を疑問視したり、反対意見を言う人も、挙国一致《きょこくいっち》のムードに水を差す「非国民」（最近は「反日」なんていう言葉をよく目にしますね）として排除されがちです。ここにも秘密保護法がかかわってきます。

秘密指定対象分野のひとつの「特定有害活動」に注目です。「特定有害活動」とは、いわゆるスパイ活動や兵器の開発活動だけでなく、「外国の利益を図る目的で行われ、かつ、我が国及び国民の安全を著しく害し、又は害するおそれのある活動」が広く含まれます。これっていったい、何でしょうか？

注意が必要なのは、日本が戦争に参加するとすれば必ず「自衛のため」とか「我が国と国民の安全のため」という名目だということです。むしろおよそ現代の戦争は、ほとんどすべて「自衛戦争」と主張されます。自衛戦争でなければ違法だからです。

そうなると、日本の「自衛のための戦争」や「日本と日本国民の平和と安全のための行動」に反対する活動というのは、どういう位置づけにされるでしょうか？「我が国と国民の安全」を守ることを妨害《ぼうがい》して国民を危険にさらす活動だ、すなわち「特定有害活動」だ、とされてしまわないでしょうか。反戦活動は、相手国への攻撃をやめさせるものであるという点では「外国の利益を図る」という要件にもあたるようにみえます。

戦争に異を唱える市民の活動が「特定有害活動」とされてしまうと、これを「防止するための措置《そち》」、つまり反戦運動への妨害活動が「特定秘密」として公安警察によりひそかに実行されることにつながります。

加えて、「特定有害活動」とのかかわりは、適性評価制度での調査対象にもなっています。たしかに、パブリックコメントでの批判を受けて、秘密保護法の「運用基準」には「市民運動について調査してはならない」と記載されました。しかし、その人の「活動内容を調べる」のと「市民運動への関与を調べる」のとがどれほど区別できるのか、とても疑問です。「集団的自衛戦争」に反対するデモや街頭宣伝に参加した、など思想内容にまでおよぶ調査が行われ、その調査結果にもとづいて情報取扱者の人事が決められる危険が、十分にあります。

「そこまではしないだろう」と思うかもしれません。しかし、実際に、自衛隊の情報保全隊は、戦争に反対する市民の集会に潜《もぐ》り込み、参加者の氏名や職業を調べ上げていました。また、警視庁がイスラム教徒を片っ端から調査していたことも裁判で明らかになっています。警察が政党幹部の自宅を盗聴していた例もありました。

「秘密保護法」がわたしたちに牙《きば》をむく前に

秘密保護法をつくる過程でも、「スパイ天国だ」と国民を脅《おど》し、思考停止させるキャンペーンが行われました。「テロとの戦い」を掲げた「自衛の戦争」が近づくにつれ、先に書いたような秘密保護法のさまざまな「役割」がじわじわと広がっていくかもしれません。間違った戦争に流されないために、「もの言えぬ社会」にさせないために、「本当にそうなの？」と疑問をもちつづけること、萎縮しないでものを言いつづけることを大切にしていきたいですね。

参考文献

右崎正博・清水雅彦・豊崎七絵・村井敏邦・渡辺治編『秘密保護法から「戦争する国」へ——秘密保護法を廃止し、集団的自衛権行使を認めない闘いを』旬報社、２０１４年

海渡雄一『秘密保護法対策マニュアル』岩波ブックレット、２０１５年

日本新聞労働組合連合編『戦争は秘密から始まる——秘密保護法でこんな記事は読めなくなる』合同出版、２０１５年

4 辺野古《へのこ》の米軍基地建設で、沖縄と政府はどうして対立しているの？

秋山道宏

沖縄の「基地問題」をとらえ直す

現在、沖縄では、保守や革新という政治的立場やイデオロギーを超え、辺野古新基地建設を止めるためのたたかいが行われています。この運動は、「オール沖縄」や「島ぐるみ」と呼ばれ、沖縄の人びとが一丸《いちがん》となっていることが強調されます。では、なぜ沖縄の人びとは、ここまで強く基地建設に反対するのでしょうか。この背景を深く理解するには、「基地問題」とひとくくりにされがちな現実を、2つの視点からとらえ直してみることが必要です。

まず、そこに住む住民の視点から、沖縄の現実をとらえ直してみましょう。基地問題というと安全保障の問題ととらえがちですが、沖縄の人たちにとっては、まずもって生活や生存といった「生きること」にかかわるものです。このことは、地元紙の報道をみるとよくわかります。そこでは、米軍機の事故・部品の落下・騒音、

図1　沖縄県の基地の現状

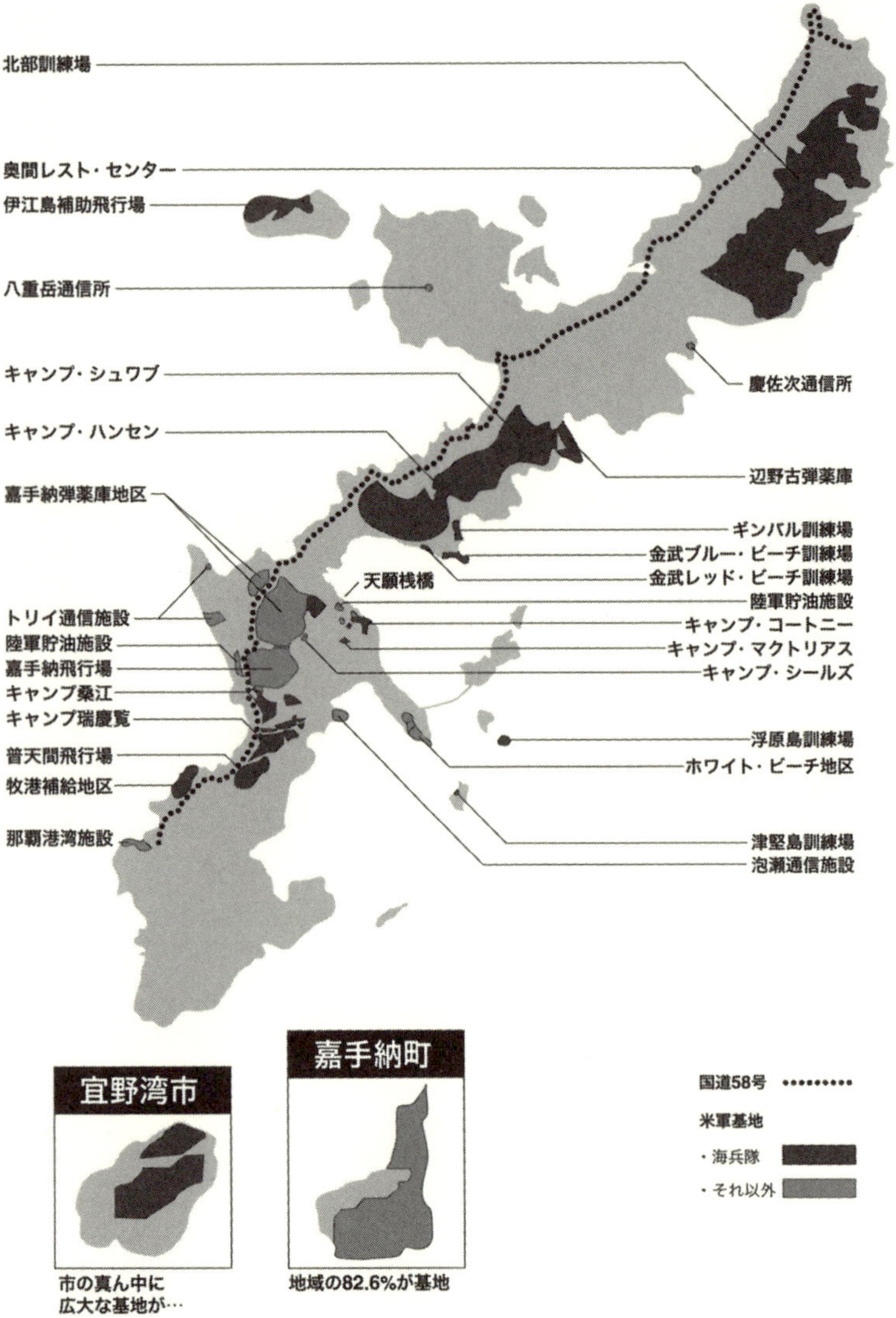

（出典）屋良朝博『誤解だらけの沖縄・米軍基地』旬報社，2012年。

さらに米兵による住居侵入・暴行・飲酒運転といった、「生きること」を脅《おびや》かす事件や事故が日々報じられています。また、後半でもふれますが、戦後の沖縄経済は長い間基地と切り離すことができず、基地をめぐる経済活動（基地での雇用、米兵向けの歓楽街《かんらくがい》、建設業など）が地域社会や人びとの生活のあり方に影響を与えてきたのも事実です。ただし現在では、地元経済界から基地反対の動きが出てくるなど、変化も生まれています（後述）。

もうひとつの視点として、基地問題を沖縄戦とそこでの戦争体験とのかかわりのなかでとらえることが必要です。現在、沖縄にある基地は、戦前には日本軍に、戦後は米軍によって基地としてうばわれ、1950年代の「銃剣《じゅうけん》とブルドーザー」による暴力的な土地接収によって拡大してきたものです（図1）。そのため、沖縄の人びとは、沖縄戦が終わっても生活の場をうばわれつづけ、また、それぞれが戦争体験を抱えながら、基地を身近なものとして生きていかなければならなかったのです。そのなかで起きた、宮森《みやもり》小学校へのジェット戦闘機墜落（1959年）やB-52の爆発事故（1968年）をはじめとした、たび重なる米軍機の事故は、戦争体験を呼び起こすと同時に、基地の存在と生活・生存とが相容れないという事実を突きつけてきました（PartⅡ・6参照）。沖縄における根強い基地への拒否感や抵抗は、沖縄戦の戦争体験に根ざしたものであり、それは戦争体験の語りをとおして非体験世代にも受け継がれています。そのことは、戦争体験の事実を歪《ゆが》めようとした教科書検定（2007年）が、保守と革新を超えた島ぐるみ運動の契機《けいき》となったことからもわかります。

ここでは、以上の2つの視点をもちながら、辺野古の新基地建設の歴史的な背景と、どのように運動が島ぐるみのかたちをとってきたのか、をみてみましょう。

普天間《ふてんま》基地の辺野古「移設」と民主主義

ここでは、辺野古への新基地建設にいたる歴史的な背景をふりかえってみましょう。その発端《ほったん》は、1995

年に起こった「少女レイプ事件」でした。この生命と人間としての尊厳《そんげん》を踏みにじる事件を機に、基地撤去《てっきょ》や縮小を求める声が強まり、県民大会などの運動が展開されました。それによって日本政府が動き、1996年には普天間基地の返還が決まりました。しかし、SACO《サコ》（日米特別行動委員会）合意と呼ばれるこの決定では、基地返還の条件として県内への「移設」をあげており、その移設先に辺野古の大浦湾《おおうらわん》を含めたキャンプ・シュワブ沖が浮上しました。

その後、1996年から翌年にかけて、県民投票と名護《なご》市で市民投票が行われ、基地の整理縮小を求め県内移設を拒否する結果が示されました。その一方で、比嘉鉄也《ひがてつや》市長（当時）は基地の受け入れを表明後に辞任し、1998年には立場を同じくする稲嶺恵一《いなみねけいいち》知事が当選しました。この背景には、「アメとムチ」と呼ばれる経済振興《しんこう》策があり、基地の受け入れの見返りとして名護市に莫大《ばくだい》な振興予算がつぎこまれることになります。このように住民の意思と基地建設の動きが対立するなか、2004年に、那覇《なは》防衛施設局による大浦湾でのボーリング調査の強行に対して、座り込みの抵抗が始まりました。辺野古の浜や海上での座り込みは、調査のためのやぐらを撤去させ、「杭一本打たせないたたかい」と呼ばれました。現在も続く辺野古の座り込みは、2015年の4月で4000日をむかえています。

この状況に対して、しばしば、「沖縄の人たちは賛成派と反対派でずっと対立している」「反対派も結局はお金を得るために反対している」という声を耳にします。しかし、歴史的な背景を含めて考えたとき、はたして単純に「賛成派」と「反対派」を区別し、それが対立していると言えるでしょうか。むしろ、2000年代半ばまでの時期は、県内「移設」という条件と強行的な日本政府の姿勢もあり、基地に抵抗する人びとと、振興策を見返りに基地を「容認せざるをえない」人びととで地域社会が分断された、と言うべきではないでしょうか。そのことは、基地の受け入れを認めた稲嶺県政以後も、世論調査などでは、辺野古「移設」への根強い反対が示されてきたことからもわかります。

島ぐるみ運動への契機と政権交代

この状況を大きく動かしたのは、教科書検定問題と政権交代でした。２００７年、辺野古において座り込みが継続されるなか、「集団自決（強制集団死）」への日本軍の関与に関する記述を削除する教科書検定が出されました。この記述削除に対して、国家による戦争体験の否定だとし、抗議の声が広がっていきました。現状に危機感をおぼえ、あらたに証言をする体験者も現れ、また、県議会や市町村議会では検定撤回《てっかい》を求める意見書が次々と可決されていきました。そして、戦後最大規模となった県民大会に11万人以上が参加しましたが、この運動でつくられた変化が、現在の島ぐるみの動きにつながっていきます。この大会では、当時、県議会議長（自民党）であった仲里利信《なかざととしのぶ》氏が実行委員長を務め、次のように厳しく教科書検定の撤回を求めました。「思い起こすのもつらい当時の証言を軽々しく扱い、歴史的事実をねじ曲げられ絶対に許せない。史実は史実として正しく伝え、悲惨な戦争を再び起こさせないことが、わたしたちの最大の責務」（『沖縄タイムス』２００７年9月30日付）と主張したのです。戦争体験の否定によるあらたな戦争への危機感が、幅広い層の人びとに共感され、保守と革新といった政治的な立場を超えた運動が展開されたと言えます。この県民大会での経験が、新基地建設反対への運動にもつながっていきます。

もうひとつの契機である、２００９年の政権交代では、普天間基地の県外や国外への「移設」がとりざたされました。当初、あらたに政権をになった民主党は、マニフェストとして基地の受け入れと結びつけられた振興策の見直しを掲げ、普天間基地については「最低でも県外」を主張したのです。結果的に、この政策転換は、移設先探しの挫折《ざせつ》と抑止力論の主張によってくつがえされましたが、それが沖縄にもたらしたものは単なる落《らく》胆《たん》ではありませんでした。むしろ、基地によって地域社会が分断されてきたなかで、政権交代は、沖縄の人びとの意識に2つの大きな変化をもたらしました。それは、第一に、それまで当然視されていた辺野古「移設」がもはや自明ではなく、また、第二に、「移設」が日米政府によって政治的に押しつけられたものである、という意識の変化でした。

島ぐるみ運動のたたかいの展開

政権交代後、2010年に行われた知事選では、従来のような保守と革新との対立選挙となりましたが、保守側の仲井真弘多《なかいまひろかず》候補ももはや新基地建設を容認することができず、「県外移設」を公約しました。これにより、政治的な場面においても新基地建設への反対が、保守と革新の共通課題として浮上してきたと言えます。

そして、2011年6月、米国防総省が2012年に普天間基地へのオスプレイ配備計画を発表、それを受けた日本政府は沖縄の反発を無視した強行配備を進めていきました。オスプレイは、重大事故が多いため「未亡人製造機（Widow Maker）」と呼ばれ、機体の構造上の欠陥も指摘されていました。それだけに、沖縄の人びとの危機感と反発は強く、また、2012年のモロッコ（4月）や米国フロリダ（6月）での事故が、配備を強行する日米政府への反発をさらに強めました。このように、さらなる基地負担の押しつけに対して、教科書検定撤回と同じ枠組みで県民大会が開催され、政治的な立場を超えて10万人を超える参加者がオスプレイ配備反対を訴えました（9月）。この島ぐるみでの反対のなか10月に配備は強行されましたが、2013年1月、歴史的にも異例となる抗議行動が行われました。沖縄県の全市町村長らを含め、総勢約150名の代表団が東京に足を運び、要望をまとめた「建白書」を日本政府に提出したのです。この建白書では、オスプレイの配備強行が沖縄の人びとへの「差別」であることを厳しく指摘したうえで、オスプレイ配備撤回、普天間基地の閉鎖・撤去および県内移設の断念の3つが求められました。しかし、この年の11月には、自民党本部からの圧力により、沖縄県関係の自民党議員（5名）が辺野古「移設」を容認、12月末には仲井真知事が公約をひるがえし、辺野古の埋め立てが承認されました。この承認を根拠に、2014年の夏からボーリング調査が強行されたため、それをくい止めるための座り込みが、キャンプ・シュワブのゲート前と大浦湾の沖で始まりました。その現場には、県内・国内外から多くの人びとが訪れ、戦争体験を胸にはじめて足を運ぶ沖縄の人も出てきています（コラム3を参照）。

また、2014年の沖縄は、選挙の年でもありました。ほとんどの選挙で新基地建設が争点となり、1月の名護市長選、11月の知事選、そして12月の解散総選挙といった主要な選挙において、辺野古への新基地建設に反対する候補がすべて当選しました。この背景には、公約をひるがえした知事や自民党の国会議員への怒りもありましたが、なによりも地道に積み重ねられてきた島ぐるみの運動があったと言えます。

沖縄経済界の変化と島ぐるみ運動の広がり

最後に、現在の運動の広がりを物語る変化について、ふれておきたいと思います。それは、地元の経済界のなかから「基地は経済発展の阻害《そがい》要因」という認識が明確に打ち出され、新基地反対の運動のさまざまな場面に出てくる企業も現れてきたことです。いまはまだ経済界の一部ですが、このような企業が現れ、基地の弊害《へいがい》と基地依存からの脱却を正面から語ったことは、歴史的にも前例のないことです。

最初に述べたとおり、戦後の沖縄の人びとの生活は、基地と密接な関係をもってきました。しかし、近年の沖縄経済の構造的な変化によって、基地を容認してきた経済界の一部も含みつつ、基地依存からの脱却《だっきゃく》を求める声が出てくるほどになりました。ここでは、2つの変化を指摘しておきます。ひとつは、基地での雇用数

図2　県民総所得に占める軍関係受け取りの変化

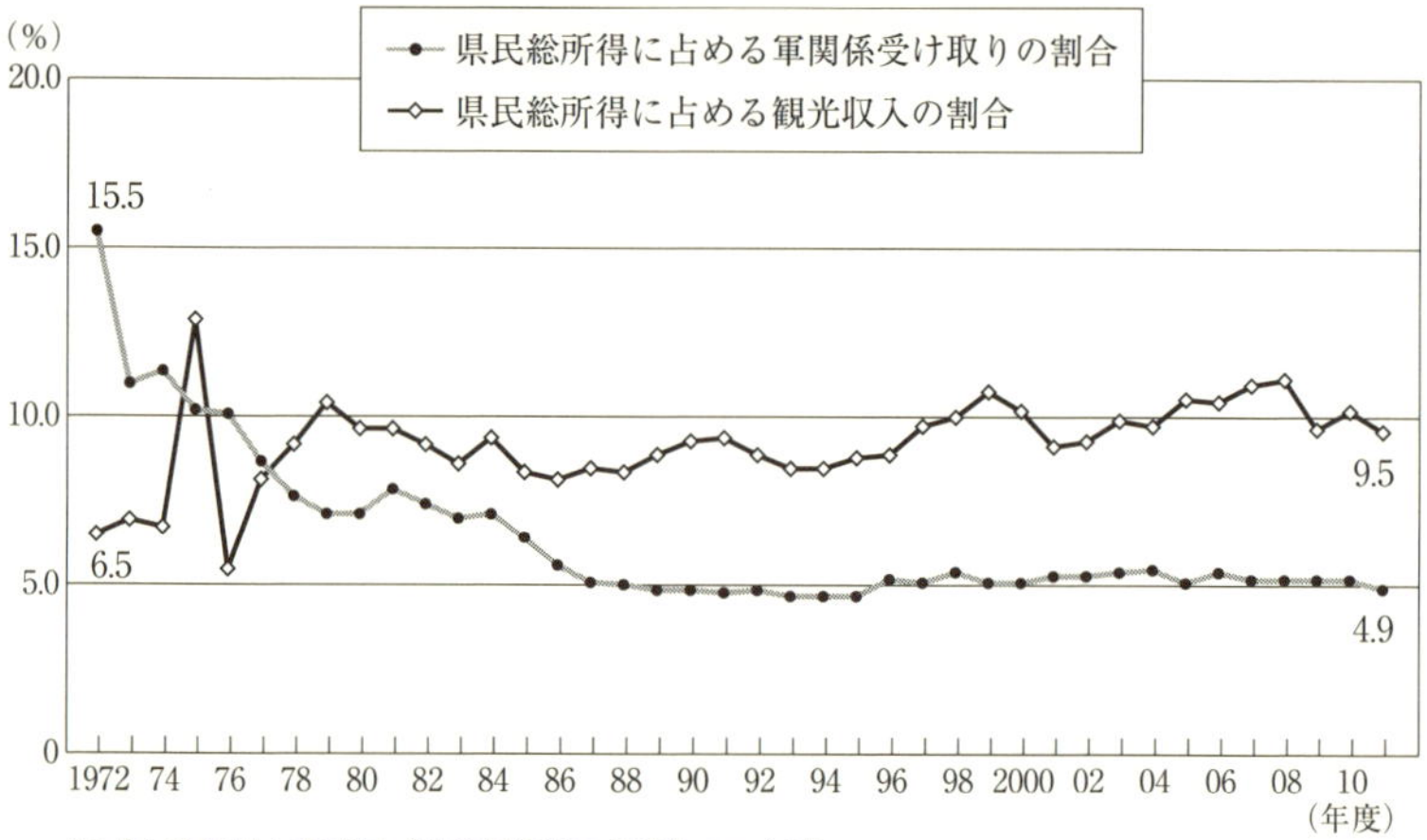

（出典）沖縄総合事務局『沖縄県経済の概況』2014年版。

や、基地から得られる収入（軍関係受け取りと呼ばれ「軍人・軍属の消費支出＋軍雇用者所得＋軍用地料」と定義されます）が大幅に減少してきたことがあります。たとえば、基地から得られる収入の県民所得に占める割合は、日本復帰時（１９７２年）に15・5％であったものが減少しつづけ、現在では5％を切っています。逆に、観光業は、復帰時の6・5％から、現在では10％近い規模となっています（図2）。「沖縄は基地に依存しているから基地がなくなったら困る」という誤解がいまだにありますが、上のような経済構造の変化からみても、沖縄はもはや基地経済ではありません。もうひとつの変化は、基地返還跡地の利用が進み、具体的な経済効果として沖縄の人びとに実感されるようになったことです。２０１４年の知事選では、新都心や北谷《ちゃたん》ハンビータウンといった基地返還跡地の再開発による経済効果について多く言及されました。現在、それらの場所は、脱基地の方向性を目にみえるものとしています。また、沖縄県の試算によると普天間基地の返還による経済効果は、現在の32倍になるとも報じられています（『琉球新報』２０１５年2月5日付）。おそらく、脱基地の方向性がより明確になるなかで、ショッピングモール誘致《ゆうち》など大資本による開発ではなく、地域社会からの開発の舵取《かじと》りが求められるようになるでしょう。

このように「基地に頼らずとも経済的にやっていける」という生活上の変化や、人びとの思いにこたえる企業が出てきていることも、現在の新基地建設反対の運動を支えています。

今後の島ぐるみの運動と沖縄が指し示すもの

すでにみてきたように、沖縄における基地反対の表明は、一時的な不信感やエゴの現れではありません。人びとの思いは多様ですが、戦争や基地への拒否の思想と実践は、政治的な立場にかかわりなく、歴史的に積み重ねられてきた戦争体験の継承《けいしょう》をとおして、次世代に伝わっています。

では、島ぐるみの運動はこれからどこへ向かうのでしょうか。今後、島ぐるみのあり方も常に変化にさらされるでしょう。一例として、島ぐるみの運動で押し上げられた翁長雄志《おながたけし》知事は、「保守として安保は大切だ」と強調していましたが、現在では「アジアにおける平和の発信地としての沖縄」の位置づけを重視する方向へと次第に変化してきています。また、2015年の夏以降、新基地建設をめぐる動きも激しくなってきています。この7月には、埋め立て承認に法的な誤《あやま》りがあったとする第三者委員会の報告が出されました。その後、日本政府と沖縄県で、新基地建設をめぐる「集中協議」が行われましたが、政府側は辺野古への新基地建設を強行する姿勢を変えようとはしませんでした。この状況のなか、翁長知事は、国際社会に向け、沖縄における基地問題が人権侵害の問題であることを国連人権理事会で演説し(9月)、また、新基地建設をめぐっては前知事の辺野古埋め立ての「承認取り消し」を発表しました(10月)。この決断をめぐり、国との裁判が行われることになりましたが、直面する状況において、冒頭にあげた2つの視点を心にとめておく必要があります。沖縄における「基地問題」とは、戦争体験という痛みを抱え、そこに生きてきた人びとの生活や生存のあり方のことであり、その意味において「人権」をめぐる問題なのです。

現在、沖縄への差別を問題視し、普天間基地の県外移設を受け入れる運動が展開されています。この主張は、倫理的には否定しがたいものにみえますが、基地の存在自体を問うことなく、問題を一国内の基地配置に狭めてしまってはいないでしょうか。また、住民の側から基地を引き受けるという表明は、政治という領域での思考停止をさらに進めるものにならないでしょうか。この県外移設論を考えるとき、島ぐるみの運動の到達点としての建白書を読み直してみることが必要だと思います。建白書では、一方で沖縄への差別的な扱いを批判しながらも、同時に、「普天間基地の閉鎖・撤去」と「県内移設断念」というかたちで県外移設論とは異なる論理を政治に突きつけています。そして、この要求は、沖縄の人びとによって民主主義的に積み重ねられてきた無数の意思を背景としているからこそ、意味をもっているのです。この間に取り組まれ、現在も継続している戦争法反対の全国的な運動が、あらたな民主主義的な意思を示し、沖縄をめぐる政治のあり方そのものを変えていけるのか。むしろ、そのことが問われているのではないでしょうか。

参考文献

秋山道宏「沖縄経済の現状と島ぐるみの運動——建設業界を対象に」『日本の科学者』50巻6号、2015年
新崎盛暉『沖縄現代史（新版）』岩波新書、2005年
沖縄タイムス社編『挑まれる沖縄戦 「集団自決」・教科書検定問題報道総集』沖縄タイムス社、2008年
中野好夫・新崎盛暉『沖縄戦後史』岩波新書、1976年
屋嘉比収『沖縄戦、米軍占領史を学びなおす——記憶をいかに継承するか』世織書房、2009年
『世界　臨時増刊　沖縄　何が起きているのか』2015年

5 「テロとの戦い」が生みだした、憎《にく》しみの連鎖を止めるには？

志葉　玲

いま、いわゆる「イスラム国（ＩＳ）」やその支持者たちが中東、さらにはアジアなどでもその勢力を拡大しつつあるなど、世界はテロの脅威《きょうい》にさらされています。２０１５年1月には、自称・民間軍事会社社長の湯川《ゆかわ》遥菜《はるな》さん、ジャーナリストの後藤健二《ごとうけんじ》さんがＩＳの人質とされ、湯川さんも後藤さんも殺害されてしまうという最悪の結果となってしまいました。これに対し米国を中心に各国はテロとの戦いを続けており、安倍政権が２０１５年9月に強行採決した安保法制のもとで、こうしたテロとの戦いに自衛隊も参加することになるかもしれません。しかし、イラクなど中東での取材からわたしが感じることは、はたして武力でテロを根絶できるのか、むしろテロを蔓延《まんえん》させることになるのではないか、ということです。また、「対テロ」を口実に米国こそが、無差別な虐殺《ぎゃくさつ》や人権侵害を繰り返していることは客観的事実です。無批判に米国に付き従うことで、日本も戦争犯罪の共犯者となってしまうかもしれず、また、日本人がテロの標的にされる可能性も高まる恐れが

バグダッドで米兵に連行される市民（2004年7月撮影）

バグダッド掃討作戦。イラクの人びとは米兵たちを怯えと怒りが入り交じる目でみていた（2004年7月撮影）

ファルージャ爆撃により集団墓地となったサッカー場（2004年6月撮影）

あります。

ＩＳとは何者か？

対テロ戦争を考えるうえで、ＩＳについて、何者なのか、どのようにして現れたのかを知ることは大事でしょう。ＩＳは、現在、シリア北部と東部とイラク北部と西部に広がる地域を、その影響下においています。特に２０１４年６月、イラク第二の都市モスルがＩＳの支配下にされたことは、国際社会に大きな衝撃《しょうげき》を与えました。ＩＳは、外国人を誘拐《ゆうかい》し、身代金などの要求を突きつけ、受け入れなければ残忍《ざんにん》な方法で殺害することで知られています。現地でも少数民族の殺害や人身売買を行っているなど、大きな問題となっているＩＳですが、そのルーツはイラク戦争（２００３年〜）です。ＩＳは現在こそシリア北部ラッカに拠点をおくものの、指導者のアブ・バクル・アル＝バグダディはイラク出身、その側近２人ももともとはイラクの旧フセイン政権の軍人です。英紙『ガーディアン』のインタビューに応じたＩＳ幹部は「われわれの存在は米軍の刑務所なしにはありえなかった」と語っており、バグダディ自身、米軍の管理下にあったイラク南部のブーカ刑務所に拘束《こうそく》され、そこで過激思想をもつようになったというのです。ある男性（ＩＳとは無関係）はブーカ刑務所に囚《とら》われていたときのことを振り返り、「刑務所内は米軍への怒りから過激派の養成所のようであった」と話しています。イラク戦争では、米軍は「テロ掃討《そうとう》」の名目で、明確な証拠も裁判もなしに、あるいは、情報を得るためだけにイラクの人びとを拘束していました。米軍に攻撃を行っている武装勢力のメンバーらを捕らえるために、その家族である女性を連行したという事例も、現地人権団体などから、いくつも報告されています。米軍に拘束された人びとはとても酷《ひど》い扱いを受けました。２００４年４月末に発覚したアブグレイブ刑務所での虐待《ぎゃくたい》事件など米軍兵士による捕虜《ほりょ》虐待は世界に衝撃を与えましたが、同刑務所で拘束された経験があり、米軍の虐待を告発するアリ・サハル・アッバスさんは、「明るみになったのはごく一部。虐待は当たり前のように起きていました」と話します。「わたしたちは殴《なぐ》られ、小便をかけられ、電気ショックに苦しみ、何時間もヘッドフォンで大音量の音楽を聴かされました。何日も裸にされ、水や食料も与えられませんでした」（アッバスさん）。

戦争犯罪を繰り返す米国

米軍がイラクなどで行っていたような、捕虜の虐待は、国際人道法に反する戦争犯罪です。戦争であっても何をしてもいいというわけでは決してなく、捕虜の虐待禁止のほかにも、民間人をねらった攻撃の禁止、医療活動の妨害の禁止などが国際人道法に定められています（ジュネーブ諸条約）。しかし、米軍はイラクやアフガニスタンでの対テロ戦争で、国際人道法違反を繰り返してきました。その代表例ともされるのが、安保法制をめぐる国会審議でも、取り上げられたイラク西部ファルージャでの米軍による無差別虐殺です。２００４年の４月と11月、米軍は「国際テロ組織アルカイダ幹部のアブムサブ・ザルカウィを倒す」として、イラク西部ファルージャへの掃討作戦を開始。同市にザルカウィがいるかは疑問視されていましたが、米軍に対し抵抗を続けるファルージャの住民そのものへの殲滅《せんめつ》作戦を行ったのです。同作戦では、非人道兵器であるクラスター爆弾や白燐弾《はくりんだん》を投下、逃げ惑《まど》う人びとを無差別に殺すなど、国際人道法違反の戦争犯罪が繰り返されました。わたしも２００４年の５月から７月にかけ、現地を取材しましたが、病院を包囲して銃弾を雨あられのように撃ち込む、救急車を爆撃するなど、明らかに戦争犯罪とみられる攻撃が行われていました。

「米国のやることはなんでも正義」という自民党政権

問題は、安保法制で米軍などを支援しようという自民党は、イラク戦争の反省がまったくなく、米軍が犯《おか》してきた戦争犯罪についても、それを認めようとしないということです。

安保法制の国会審議で、山本太郎《やまもとたろう》参議院議員は次のように問いただしました。「2004年4月、米軍はイラクのファルージャという都市を包囲。猛攻撃を行った。翌月、国連の健康の権利に関する特別報告官が、ファルージャの攻撃で死亡したのは、90%は一般市民だった。約750人が殺されたという情報もある。国連は一刻も早く、人権侵害行為に関して、独立した調査を行うべきである、という声明も出している」「これ、一部のおかしな米兵がやったことじゃないですよ。米軍が組織としてやってきたことです。ファルージャだけじゃない、バグダッドでもラマディでも。総理、アメリカに民間人の殺戮《さつりく》、当時「やめろ」って言ったんですか? そしてこの先、「やめろ」と言えるんですか?」(2015年7月30日参議院・安保法制特別委員会)。

これに対し安倍首相は、「まず、そもそもなぜ米国、多国籍軍がイラクを攻撃したかといえば、当時のサダム・フセイン独裁政権が、化学兵器・大量破壊兵器はないということを証明する機会を与えたにもかかわらず、それを実施しなかったというわけであります」と、米軍によるファルージャでの虐殺の是非については直接答えず、「イラク戦争が起きたのは、イラク側に責任がある」とごまかしたのでした。しかし、この安倍首相の主張には大きなウソがあります。イラク戦争の開戦理由とされた「イラクの大量破壊兵器」については、開戦前にイラク側は査察に応じていたし、国連の査察団もイラクは脅威ではないとの認識を深めていました。わたしは、当時、現地で査察を行っていた「国連監視検証査察委員会(UNMOVIC)」の委員長だったハンス・ブリクス氏に話を聞きましたが、ブリクス氏は「2002年から2003年2月までイラクで700回におよぶ査察を行った。そのうえで、国連安保理には、大量破壊兵器はいっさい見つからなかった、と報告した」と言っていました。そのことを日本の政府や外務省が知らないわけはないのです。イラク戦争を主導した米国ですらも、のちに議会上院の情報特別委員会で「大量破壊兵器についての情報は誤りだった」と認めています。戦争犯罪である行為を戦争犯罪と認めず、米国ですら誤りを認めているイラク戦争開戦の口実をいまも主張して、戦争支持したことを正当化している。このような安倍首相や自民党が、これから先も誤った情報・主張にもとづいた戦争を支持・支援したり、戦争犯罪の片棒《かたぼう》を担《かつ》いだりしないという保証がどこにあるのでしょうか。

対テロ戦争でテロが増える、日本人も標的に

２００１年の米国同時多発テロ以降、米国は武力によってテロを根絶しようとしてきましたが、結果はむしろテロをより深刻なものとしただけでした。有志連合としてイラク戦争に参加していたスペインで、２００４年3月に列車爆破テロ、やはり戦争に参加していたイギリスでも首都ロンドンで地下鉄・バス連続爆破テロが起きました。米軍がイラクを撤退《てったい》した２０１１年12月以降も、２０１３年4月に米国オクラホマでのマラソン大会で爆弾テロ事件が発生。３人が死亡し、２６０人以上が負傷しました。このテロ事件の実行犯のひとりであるジョハル・ツァルナエフは当局の調べに対し「アフガニスタンやイラクでの戦争が動機」と話しています。

日本人も例外ではありません。自衛隊イラク派遣が行われた２００４年当時、わたしは現地で取材していましたが、特に米軍との衝突が激しい地域では、米軍のみならず、イラク戦争を支持し自衛隊をイラクに派遣した日本もまた敵だとみなす風潮が感じられるようになりました。わたし自身、銃をもった若者たちに取り囲まれ「日本は米国の犬だ！」と激しく罵《ののし》られたことがあります。同年5月末には、フリージャーナリストの橋田《はしだ》信介《しんすけ》さんと小川功太郎《おがわこうたろう》さんがイラク中部マハムディアで襲撃を受け、殺されてしまいました。辛《から》くも生き延び、わたしの取材にこたえた橋田さんの運転手だったイラク人男性は、橋田さんたちの車を追ってきた襲撃犯たち

は「助手席に乗っていた橋田さんを確認して撃ってきた」と証言。また、現地マハムディア周辺の住民たちは「橋田さんたちは日本人だから殺された」と言っていました。同年11月には日本人旅行者の香田証生《こうだしょうせい》さんがイラクで誘拐されました。香田さんを誘拐したグループは自衛隊のイラク撤退を求めていましたが、当時の小泉政権が拒否すると、香田さんを殺害。そして香田さんのご遺体を、星条旗、つまり米国の国旗に包み、路上に捨てたのです。このときの犯行グループこそ、ＩＳの前身組織だったのです。ＩＳは、現在も日本を敵視しており、世界各国の支持者たちに日本人へのテロを呼びかけています。今年２０１５年10月、南アジアのバングラデシュで農業指導を行っていた星邦男《ほしくにお》さんが殺害された件もＩＳ関係組織が犯行声明を出しているのです。

このように、ひとたび対テロ戦争にかかわれば、自衛隊だけでなく、日本人全体が攻撃対象とされる危険性があるのです。わたしが中東を取材して考えさせられるのは、しばしば現地の人びとが欧米諸国のことを「十字軍」と呼ぶことです。十字軍遠征が行われたのは７００年以上前のことですが、他国を武力で攻撃するということは、場合によっては数百年もの禍根《かこん》を残し、何かの拍子に憎しみを再燃させるということなのです。自分たちの子どもや孫、その先の世代にもリスクが引き継がれても、なお、米国主導の対テロ戦争を支援すべきなのでしょうか。

テロをなくすためには

ＩＳは間違いなく最悪のテロ組織ですが、彼らをただ軍事力で叩《たた》こうとしても、より大きな人道危機をもたらすだけです。ＩＳがその支配領域を広げている大きな理由として、内戦状態のシリアやイラクで、両国の政府がその国民への爆撃や残虐行為を繰り返しているのに、世界のどこの国々も、それを本気で止めようとしないことがあります。また「自由」や「民主主義」を掲げる米国やその仲間の国々が自分たちの戦争犯罪は「対テロ」だと正当化しつづけることへの反発もあります。テロをなくすために、日本がやるべきことは、米国主導の対テロ戦争にただただ追従《ついじゅう》することではありません。まして、集団的自衛権を行使し、自衛隊を現地に派遣し戦闘を行うことでもありません。日本はイラク政府やシリア政府に対しても、残虐行為や空爆をやめるよう、訴えるべきなのです。各宗派や民族の融和《ゆうわ》や和解が進めば、ＩＳの勢力は大幅に縮小するでしょう。日本が本当の意味での平和国家になり、世界のどこの国々の人びとからも尊敬されるようになれば、テロのリスクは軽減します。後藤さん、湯川さんたちの犠牲を無駄にしないためにも、そして、なによりこれからの日本の平和と安全のためにも、この10年余り、中東で何が起きてきたのか、日本がそれにどのようにかかわってきたのか、いまこそ検証が行われるべきなのです。

コラム3

沖縄新基地建設を止めるたたかい

秋山道宏

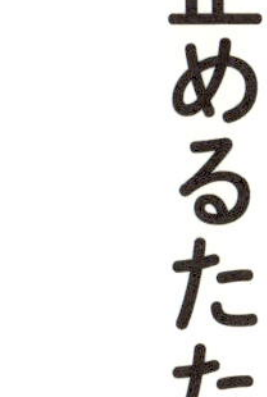

沖縄の辺野古《へのこ》では、新基地建設を止めるためのたたかいが昼夜を問わず続けられています。みなさんが日々接しているニュースや、Twitter・SNSからの情報では、沖縄の実情はどのように伝えられ、発信されているでしょうか。

この間、沖縄のたたかいは、「オール沖縄」や「島ぐるみ」と呼ばれ、沖縄が一丸《いちがん》となった取り組みです（Part I・4参照）。それでも、新基地建設を進めようとする勢力は、辺野古での運動を「一部の人間」による「反社会的」な運動とし、それを印象づけようとやっきになっています。以前、市街地の那覇《なは》から自宅までタクシーで帰ったときのこと、運転手の方がこう話しかけてきました。

運転手：「ちょっと聞いてもいいかな。いまの辺野古の運動ってどう思う?」

筆者：「どうって?」

運転手：「これまで乗せたお客さんで、辺野古で座り込みをしているのは「県外の人だけだ」と言っている人が、けっこういたんだけど」

筆者：「わたしは何度も辺野古に行ってますが、沖縄の各地から来ている人も大勢いますよ。たしかに、県外から応援に来ている人もいますけど」

運転手：「そうだよね。自分も辺野古に行ったことあるけど、なんか、地元の人でもそう言う人がいてさ……。お金をもらっているという人もいるしね……」

この会話は象徴的なエピソードですが、運動への「印象」を操作しようとする発言はあとを絶ちません。たとえば、自民党の長尾《ながお》敬《たかし》議員は、辺野古の運動で「たくさんの反社会的行動を目の当たりにし」たとネットに投稿し（『琉球新報』２０１５年7月7日付）、また、米海兵隊幹部からは暴力的な警備への抗議を「ばかばかしいもの」（同2月11日付）とする発言もなされています。これらは、辺野古でのたたかいを「反社会的」で、「ばかげたもの」にみせようとするものだと言えます。このコラムでは、こういった動きに対し、辺野古の現場の「いま」を伝えつつ、そこで積み重ねられてきた民主主義の意義について考えてみたいと思います。

いま、辺野古で起こっていること

いま、辺野古では、どのようなたたかいがなされているのでしょうか。強行される調査を前にして、現地の状況は緊迫《きんぱく》しています。ゲート前には、ものものしい警備がしかれています。民間警備会社の警備員の後ろに沖縄県警や機動隊が陣取り、その後ろには米軍に雇用されたガードマンと時には米兵がこちらの様子をうかがいます。日本政府は、知事による「承認取り消し」（２０１５年10月）以降、警視庁の機動隊をも動員しています。ボーリング調査や工事にかかわる車両がゲート前を通過しよう

写真1　キャンプ・シュワブゲート前で資材の搬入に抗議する人びと（筆者撮影）

写真2　歌も踊りも抗議行動の場をつくる重要な要素（筆者撮影）

とすると、参加者でそれをくい止めようと抗議の声をあげ、時には車両の前に座り込みます（写真1）。一方の海上には制限区域を示すフロート（浮具）がはりめぐらされており、調査を行おうとする船（台船）や作業船への抗議のためカヌーが沖にこぎだしています。それを励《はげ》ますように、ゲート前からは「カヌー隊がんばれ!!」の声があげられます。海上での警備も厳しく、小さなカヌーを「取り締まる」ために、海上保安庁は巡視船《じゅんしせん》まで出しています。

　この緊迫状況のなかでも、座り込みの場は、アットホームな雰囲気につつまれています。このような場の雰囲気は、非暴力をつらぬく運動であり、同時に、県内・国内外から参加する多くの人びとに支えられた運動であることから、生まれているように思えます。そのことが表れるのが、座り込みのなかで行われる集会の場です。そこでは、集った人びとの参加への意志が思い思いの表現で語られます。議員、経済人、退職した教職員、海外からの知識人、地域の九条の会や平和ガイドの会、学生や高校生たち……。数え上げることができないほどの意志とバックグラウンドをもった人びとが、新基地建設を止めたいという思いからそこに集っているのです。なかには名前も言わず車から降りてきて差し入れだけを置いて帰る人、通りすがりの車のなかからクラクションで応援してくれる人もいます。また、座り込みの場では、言葉だけでなく歌や踊りもひとつの表現手段であり、みんなで踊る場面もみられます（写真2）。

　この運動の広がりの背景には、県内各地から定期的に出ているバスで、辺野古に足を運ぶ人びととの存在もあります。バスを利用したおばあさんにお話を聞く機会があり、「これまで辺野古に来たことはなく、最初は〝おそるおそる〟でした。ただ、自分や両親の戦争体験から、戦争のための新しい基地を絶対つくらせてはいけないと思い、ここに足を運んでいます」と語っていました。現在、新基地建設の反対を求める「島ぐるみ会議」が沖縄の各地で結成され、地域から辺野古を支えようという声も多くあがっています。

　これら現地からの声を聞き取ろうとする耳があれば、辺野古の運動が「一部の人間」によるものや「反社会的」だとは言えないでしょう。むしろ、権力を背景に過激な暴力をふるっているのは、基地建設を進めようとする日米政府の側です。この間、カヌーの乗船者への海上保安庁による暴力がやまず、座り込み参加者への不当逮捕も相次いでいます。

座り込みと民主主義

　加えて、このたたかいは、現地に足を運んでいる人だけに支えられているわけではありません。ゲート前や海上での取り組みは、選挙とも結びつき、運動を支える代表者を選ぶところにまでできています。

　２０１４年9月の名護《なご》市議選の際にも座り込みに参加しましたが、選挙カーが通るたびに政策を確認しつつ、参加者どうしで議論を交わす場面がみられました。その後の11月の知事選、12月の解散総選挙においても新基地建設が争点となり、そこでは、新基地建設への反対を表明した候補がすべて当選しました。座り込みという場が、選挙の争点を明確化するひとつの力となったのは確実でしょう。「オール沖縄」や「島ぐるみ」と呼ばれる運動は、非暴力直接行動である座り込みや、集合的な意思表示を行う県民大会だけでなく、選挙という回路をも押し広げたと言えます。そして、現地で起こっている日米政府の暴力の理不尽さを見聞きする人がさらに増えれば、選挙という場だけでなく、日常的にも議論のできる公共空間をも押し広げていくでしょう。地域ごとの「島ぐるみ会議」の結成は、そういった可能性を広げるものだと言えます。

これからの運動のかたち、あらたな言葉

　先ほど、戦争体験世代の方の思いを紹介しました。では、若い世代はこの運動をどう受けとめているのでしょうか。以前、地元の平和ガイドの集まりで座り込みに参

加した際、大学生の後輩が、意を決して次のような発言をしました。「こうやって座り込みをして、基地の建設を止めようとしていることには敬意を表します。ただ、基地に出入りしている米兵にボードを突きつけ、「ヤンキーゴーホーム」と言っているのには心が痛くなった」と。この投げかけに対し、復帰運動の世代からは「米兵個人を憎《にく》んでいるわけではない。軍隊に所属する軍人として抗議をしている。それができなければ、だれに抗議をすればいいのか」という応答がありました。

このやりとりには、伝統的な運動のあり方が「自分たちの感覚とは違う」という、若い世代の感じる違和感があると思います。2014年の知事選を機に活動を始めた「ゆんたくるー」（学生有志で結成）では、「同世代で話をしたい」という思いを大切にし、まず、「ゆんたく」（沖縄の方言で「おしゃべり」）できる居場所をつくることから始めたそうです。基地や政治について気兼ねなく話せる「場」をつくること、これは、「自分たちの感覚」を大切にし、視点や言葉を紡《つむ》いでいく試みと言えるでしょう。このような活動を背景に、2015年8月には「SEALDs RYUKYU（シールズ琉球）」が発足し、基地問題だけでなく、戦争法案についても議論の「場」をつくり、反対の意志を示す行動を開始しています。

同時に、右の応答のように、辺野古の座り込みという場をとおして、異なる世代やバックグラウンドをもつ人びとが、接点をもつこともまた大切ではないでしょうか。それをとおして、沖縄や日本での戦争体験／戦後体験が共有され、あらたな運動のかたちが生まれてくる可能性もあるでしょう。これは基地のなかにいる米兵にだけでなく、基地をめぐって常に対峙《たいじ》させられてきた者どうし（基地労働者、軍用地主、警察官・機動隊員など）が交わし合う、あらたな言葉を紡いでいくうえでも大切なことだと言えます。その意味でも、沖縄に限らず、日本や世界の多くの人びとに、辺野古の座り込みの場に足を運び、その場を共有してもらいたいと思います。

Part Ⅱ

戦後70年,
“平和ニッポン”の真実

1

武力でもめ事を解決してはならない

——国際関係の基本のキ

真嶋麻子

「集団的自衛権は国際法上の権利であるにもかかわらず、日本国憲法の制約で行使できないのはおかしい」という説明を聞いたことがありませんか。２０１４年7月1日に安倍政権が閣議決定によって憲法解釈を変更した際にも、「武力の行使」がなされる場合には、国際法上は、集団的自衛権が根拠となる可能性が言及されています。たしかに集団的自衛権は国際連合憲章第51条に根拠をもっています。しかし、この条項は、あとでみるように国連憲章が起草《きそう》されたときに武力行使を禁止する流れに逆《さか》らって例外的に挿入《そうにゅう》されたものです。つまり、集団的自衛権は歴史的な制約のなかで登場した国際法上の権利であり、それが国際社会の平和をつくるための最善の方法であるのかどうかは別問題だということです。

それでは、戦争のない世界をつくるために、国際社会はどのように試行錯誤《しこうさくご》を繰り返してきたのでしょうか。

19世紀までの国際社会では戦争は合法だった

現在の国際社会の基本的な原則のひとつは、「武力を用いた問題解決の禁止」です。「現在の」というのは、第二次世界大戦が終結し、国際連合（国連）が発足した1945年を起点としています。ただし、国際社会では、国家間の対立を解決する方法として戦争に訴えることが良きこととされてきた歴史のほうが長く、戦争を違法化し規制する現在の国際法ができあがったのは19世紀後半から20世紀初頭に起こった平和運動や諸国間の取り決めの発展によるものでした。

近代国際関係の起源としてしばしば注目されるのは、キリスト教世界における30年にわたる新教徒と旧教徒との抗争終結のために結ばれたウェストファリア条約（1648年）です。それ以降、領域内の問題と他国との外交に対する主権は各国家に属し、内政不干渉《ないせいふかんしょう》の原則が確立されたと考えられているからです。国境線によって分断されたヨーロッパにおいても、18世紀のイギリスから広がった産業革命を契機に国境を越えた経済活動が活発になり、それにともなって生じる通商や感染病などの問題を解決するための国際協調のしくみも誕生しました。しかし、戦争の問題についての国際協調はスムーズには進まず、経済発展のための資源を求めて植民地獲得競争が激しくなる時代において、愛国心をもった国民を動員し、兵器の開発をすることによって、諸国間の戦争はより大規模で残虐《ざんぎゃく》になりました。戦争を行うことは、国家の権利であり、国際社会のなかで生き残るための最善の方法とみなされていたのです。

注目しておきたいのは、戦争が合法だと考えられていた時代においても、それを規制する取り組みが大きく2つの方向で起こっていたことです。

ひとつは、「戦争のやり方を規制する」ことで、戦時国際法や国際人道法へと結実していく流れです。19世紀に誕生した赤十字国際委員会は、対立する国家のいずれにも偏《かたよ》ることなく、戦地での傷病兵の看護と治療を使命とした非政府組織（NGO）で、戦闘能力を失った軍隊や敵対行為に参加しない者の保護を定める国際人道法の発展に大きく貢献《こうけん》しました。また、世紀の変わり目の1899年と1907年にはオランダのハーグで平和会議が開催され、交戦規定や戦時中においても用いられるべきではない非人道的な兵器を禁止する条約が締結されました。たとえ戦争そのものが合法だとしても、そこで何をやっても許されるわけではなく、個々の問題を具体的に規制する取り決めが積み重ねられてきたという点で積極的な意味をもつものです。

戦争の規制にかかわる2つめの動向は、「戦争そのものを禁止する」ことです。帝国主義列強間の対立は、植民地獲得競争をつうじて危機を増幅《ぞうふく》させて第一次世界大戦に行きつきましたが、戦後の国際社会はあらたに国際機関（国際連盟）をつくって、平和を維持することを試みました。国際連盟そのものは、日本やイタリア、ドイツという軍国主義国家の膨張《ぼうちょう》をくい止めることはできず、第二次世界大戦の歯止めとはなりえませんでした。しかし、連盟規約に記された「戦争に訴えざるの義務」は、国家が戦争に訴えることを原則として禁止することをめざしたものであり、その理念は国際連合憲章へと引き継がれていくことになります。

結果として人類は、第二次世界大戦の悲劇を経験することになりますが、そこにいたるまでには、数々の「戦争のない世界をつくる」ための取り組みがありました。ハーグ平和会議、国際連盟の創設、1920年代のヨーロッパに生まれた不戦条約などの、国家間の取り決めがその第一の柱です。加えて、戦争への規制が国際機関や国際法というかたちで実を結ぶためには、国家首脳のレベルのみでなく、平和を追求する人民の運動が広がっていたことも指摘しておきたいと思います。すでに述べた赤十字国際委員会などのNGOの働きかけのほかにも、民間の法律家たちや労働者たちがそれぞれに「平和」への構想をもって反戦運動を展開したことが、草の根レベルで戦争の違法化を支えていたと言うことができるでしょう。

国連の創設

軍人、民間人ならびに植民地人民に対する甚大《じんだい》な犠牲をはらった第二次世界大戦は、１９４５年5月にドイツが、8月に日本が降伏することで終戦をむかえました。このような戦争の惨禍《さんか》を繰り返さないために、人類は国連を立ち上げて、平和と安全を維持することを決意しました。そのことは、「われら連合国の人民は、われらの一生のうちに二度まで言語に絶する悲哀《ひあい》を人類に与えた戦争の惨害から将来の世代を救」うという、国連憲章（１９４５年10月24日発効）の冒頭にはっきりと示されています。また、国連が目的を達するための原則として、主権国家の平等原則と並んで武力行使禁止の原則を明記しました（国連憲章第2条）。

国連憲章は、それまでに積み上げられてきた戦争を規制するための国際的な取り決めをもっとも徹底《てってい》し、国際社会に噴出《ふんしゅつ》するさまざまな問題に対応するための基本的な原則を示しています。それは、国際社会における対立を解決するための武力行使を禁止したのみならず、武力による威嚇《いかく》をも厳しく取り締まっています。そして、この原則に違反した加盟国に対しては、他の国連加盟国が集団的に対処することを約束しました。これを集団安全保障と呼んでいます。

国連憲章でめざされている集団安全保障という方法は、国際社会を、原則とルール――特に、武力行使禁止の原則――に同意する加盟国から構成されるひとつの「家」に見立てて、すべての加盟国が協力して共同の家の平和と安全を維持することで成り立っています。二度の世界大戦の悲劇を繰り返さないとの強い決意が武力行使の禁止の背景にあることは疑う余地がありませんが、同時に、国連が創設された当時の国際関係の政治力学も色濃く反映されています。あらためて国連憲章の前文を思い起こすと、「われら連合国の人民は」という書き出しに気づきます。つまり、国連をつうじて達成するべき平和は、第二次世界大戦の連合国（戦勝国）が主導するものであり、日本、ドイツ、イタリアといった枢軸国《すうじく》（敗戦国）がふたたび国際社会の安定を乱すことを防ぐために国連が創設されたということです。さらに、国連発足当時には、アジアやアフリカの多くの国や地域は帝国主義列強諸国の支配下にありましたが、これら植民地で生きる人びとにとっての平和や独立も、初期の国連の主要な関心ではありませんでした。このように、発足当時の国連が掲げた平和へのビジョンには制約もありました。ただし、国連憲章が武力行使禁止の原則を明記し（第2条4項）、世界の人民の基本的権利と自由に言及したこと（第1条3項）は、その後の世界で、世界人権宣言の採択（1948年）、植民地支配からの解放、大国による軍事的介入への批判的世論の形成、侵略の定義に関する決議の採択（1974年）などのあらたな規範の創出に結びつき、国連創設を主導したアメリカ、イギリス、旧ソ連といった大国の当初の思惑を超えた機能を発揮することになります。国際条約や国際機関が人民の利益となるように活用されるのかどうかは、わたしたちの運動や運動にささえられた諸国の行動に大きく影響されるということです。

集団的自衛権と集団安全保障

国連憲章は武力行使の禁止を原則として明記したという点で、それまでの戦争に対する国際的な規制の歴史を引き継ぐものであり、それを徹底《てってい》したという意義をもっています。同時に、国連憲章はすべての武力行使を禁止したのではなく、2つの例外を設けています。ひとつは、国連安全保障理事会の権限で実行される武力行使で、国際社会の平和と安全の脅威《きょうい》に対して集合的に対処するために、究極には「国連軍」の派遣も想定されています。

もうひとつは、自衛権の発動です。国際社会は蔓延《まんえん》する暴力に対して、国内社会で行うようには効果的に対処する術《すべ》をもっておらず、他国からの攻撃に反撃する権利をそれぞれの国家がもっていると理解されています。

国連憲章第51条では、「個別的または集団的自衛の固有の権利」を認めています。この章の冒頭でふれた、日本国政府があげた集団的自衛権を容認する国際法上の根拠がこの第51条です。国連憲章でも認められた集団的自衛権の行使は、国際社会の平和にとって必要なことなのではないか、と考えてしまいそうです。けれど、歴史に照らして考えてみると、集団的自衛権という「権利」は、武力行使を規制することによって国際社会の平和をつくる、という国連本来のビジョンとはかけ離れていることがわかります。

第一に、国連発足の際に「集団的自衛権」の文言《もんごん》が国連憲章草案に加えられることとなったのは、東西冷戦の始まりが予兆される時代の、連合国間の相互不信を背景としているからです。直接的には、ラテンアメリカ諸国が米州大陸の平和を世界機構である国連にゆだねるのではなく、米国の協力をとりつけて維持しようと考えたのが集団的自衛権の「発明」だったと言われていますが、それを国連憲章のもとでの武力行使禁止の抜け道として明文化したのは米国と英国でした。また、第二に、20世紀後半の大国による中小国への軍事介入——米国のベトナム侵略、ソ連のアフガニスタン侵攻など——の多くが、集団的自衛権の行使を理由とした武力の発動でした。このように、国連発足当時の大国の思惑と、その後の大国の軍事介入のいずれの歴史をみても、集団的自衛権の行使は国連憲章の理念を反故《ほご》にするものだったと言えます。武力によらない方法で平和を追求するには、慎重《しんちょう》で粘り強い外交努力と平和戦略が必要であり、武力行使を安易な選択肢とすることそのものが国際政治を短絡的に動かすことになりかねません。

日本国憲法でめざす平和

日本国憲法は「戦争の放棄」をうたっており、武力行使を原則的に禁止した国連憲章と類似の平和観をもっていると言われます。侵略戦争に敗北した日本が国際社会に復帰するために二度と戦争はしないし、武力の保持もしないと誓ったのが憲法9条であり、これは第二次世界大戦後の国際的なルールの延長線上にある「国際公約」とも言えます。しかし両者をよく比較してみるならば、国連憲章では武力行使禁止の例外を設けているのに対し、日本国憲法では武力に対する規制をより厳しく定めていることがわかります。集団的自衛権を行使して日本が外国で武力を用いることに執念《しゅうねん》を燃やす勢力にとっては、第9条を中心とした日本国憲法は邪魔でしかたのない価値規範でしょう。しかし、日本が武力行使のできる「普通の国」となるために日本国憲法は障害物だという見方は一面的すぎます。むしろ、わたしたちは、武力行使を安易な選択肢としてもたないからこそ、近隣諸国やそこに暮らす人びととの信頼関係を築くための多種多様な方法に思考をめぐらせることが可能になるのではないでしょうか。いっさいの交戦権を否定した憲法をもつ国として、武力を用いずに問題や対立を乗り越えるという国連憲章本来の理念を現実のものとするための働きかけが可能になるのでしょう。

参考文献

篠原初枝『国際連盟――世界平和への夢と挫折』中公新書、2010年

長有紀枝『入門 人間の安全保障――恐怖と欠乏からの自由を求めて』中公新書、2012年

松井芳郎『国際法から世界を見る――市民のための国際法入門（第3版）』東信堂、2011年

最上敏樹『国際機構論（第2版）』東京大学出版会、2006年

2　戦力を放棄した憲法9条の意義をあらためて考える

三宅裕一郎

侵略戦争への反省と「平和国家」としての再生を宣言した憲法前文

明治維新以降の日本の近代化の歩みは、近隣諸国に対する戦争との歩みでした。１８９４年の日清戦争に始まり１９４５年のアジア・太平洋戦争の敗北にいたるまで、日本はほとんど間断なく戦争を繰り返し、その過程で台湾や韓国といった国々を次々と植民地化していきました（ＰａｒｔⅡ・９参照）。

とりわけ、「自衛」を口実として開始された１９３１年の「満州事変《まんしゅうじへん》」に始まりその後約15年間におよんだ戦争では、合わせて２０００万人以上の人びとが犠牲となったとされており、そのなかには軍人だけではなく罪のない多くの一般市民も含まれていたのです。

このことへの反省に立ち、日本国憲法前文は、「政府の行為によつて再び戦争の惨禍《さんか》が起ることのないやう〔よう〕にすることを決意し」、さらには「日本国民は、恒久《こうきゅう》の平和を念願し、人間相互の関係を支配する崇高《すうこう》な理想を深く自覚するのであって、平和を愛する諸国民の公正と信義に信頼して、われらの安全と生存を保持しようと決意した」と宣言して、これまでの軍事力を前提とする体制からは決別する姿勢を明確にしています。憲法9条については、何よりもまず、このような憲法前文の延長線上でとらえておく必要があります。

憲法9条のひな型となった「マッカーサー3原則」

このような憲法前文の理念を具体化したのが、徹底的《てってい》なまでの非武装を定めた憲法9条です。ところで、この憲法9条を発案したのは、いったい、だれだったのでしょうか。

この点をめぐっては、日本の占領統治にあたった連合国最高司令官ダグラス・マッカーサーが発案したとする説と当時の幣原《しではら》喜重郎《きじゅうろう》首相が発案したとする説が、これまで議論されてきました。

このうち、マッカーサー発案説を支持する強い根拠となっているのが、1946年2月3日にマッカーサーが提示した「マッカーサー3原則」です。マッカーサー3原則というのは、あらたな憲法案を準備するために日本政府内に設けられた憲法問題調査委員会（松本委員会）が、それまでの明治憲法に微修正を施《ほどこ》したにすぎない憲法案を作成していることが判明したため、それを不十分と判断したマッカーサー自身が、あらたな憲法案のたたき台として連合国総司令部（GHQ）の職員に提示したものです。その後GHQ内部では、それにもとづいてあらたな憲法案の作成が、極秘裏に突貫《とっかん》工事で行われることになりました。

マッカーサー3原則から「マッカーサー草案」にいたるまで

それでは、マッカーサー3原則には、憲法9条とのかかわりでどのようなことが書かれていたのでしょうか。

マッカーサー3原則のなかで現在の憲法9条のひな型となったのは、第2原則でした。そこには次のように書かれていました。「日本は、紛争解決のための手段としての戦争、および自己の安全を保持するための手段としてのそれをも放棄する」。このような原則がここで打ち出された背景には、天皇制を温存して日本の占領統治を円滑《えんかつ》に進めようとしたマッカーサーの政治的思惑があったのだとされています。つまり、昭和天皇を戦争犯罪人に指名しようと強硬に主張する他の連合国などとのかかわりで、戦力不保持を定めた憲法制定を建前《たてまえ》上は昭和天皇が主導したというかたちにして、それらの国々の機先を制しておこうとしたわけです（古関彰一『平和憲法の深層』ちくま新書、2015年、第2章を参照）。いずれにせよ、ここでは「自衛」のための戦争も明確に放棄するとされていました。

ところが、この部分は、その後GHQ民生局次長のチャールズ・ケーディスによって「非現実的と思ったから」との理由で削除されたとされ、この点は憲法9条のもとでも「自衛」のための戦争は可能と主張する論者からは非常に重視されています（西修『日本国憲法を考える』文春新書、1999年、85頁）。これに対する反論は、またあとで述べたいと思います。

いずれにせよ、このような流れのなかで、他国との「紛争を解決する手段として」戦争を放棄するという現在の憲法9条の基本的なかたちがGHQ内部でつくられることになりました。そして、それが「マッカーサー草案」として、1946年2月13日に日本政府側に突如《とつじょ》手渡されるにおよび、明治憲法を微修正しただけの憲法案がGHQに承認されると信じ切っていた日本政府側に大きな驚愕《きょうがく》をもたらすことになるのです。

「芦田《あしだ》修正」の真意とは？

結局、日本政府は、GHQとの利害が一致した天皇制の安泰《あんたい》の保障と引き替えにこのマッカーサー草案を受け入れ、これをもとに日本国憲法の政府案の作成に着手します。そして、同年3月6日に、政府案の母体となる「憲法改正草案要綱」が発表され、その後GHQとの間でいくつかの修正をへて、同年6月25日には、いよいよ帝国議会での政府案の審議《しんぎ》が始まりました。

この衆院審議の段階で、憲法9条には大きな修正が加えられることになります。それが、「芦田修正《あしだ》」と呼ばれるものです。芦田修正とは、当時の衆院帝国憲法改正案委員小委員会委員長を務めた芦田均《ひとし》が憲法9条について行った修正のことです。具体的には、現在の憲法9条2項の冒頭にある「前項の目的を達するため」という部分が、それに該当《がいとう》します。

それでは、いったいこの修正によって、どのような効果が生まれることになると考えられたのでしょうか。後年、芦田は、次のように語っています。憲法9条1項で放棄された戦争とは「国際紛争を解決する手段として」の戦争、つまり、この表現のこれまでの用例に従えば「侵略戦争」のみを指し、2項の「前項の目的」とは「侵略戦争の放棄」であって、それ以外のいわゆる「自衛」のための戦争は、憲法9条によっても禁じられていない。要するに、「前項の目的を達するため」というマジックワードによって、憲法9条があっても「自衛」のための戦争や実力の保持に抜け道が開かれる、というのです（たとえば、1957年12月5日憲法調査会での証言）。

このトリックは、実は早くから、日本の占領統治政策の最高決定権を有し連合国11か国で構成される極東《きょくとう》委員会（FEC）によっても懸念《けねん》されていたようです。その証拠にFECは、芦田修正によって「自衛」のための実力の保持が可能となり将来的に軍隊が創設されるかもしれないとみるや、帝国議会貴族院での審議の大詰めになって、内閣のメンバーは軍人ではない「文民《ぶんみん》」でなければならないとする文民条項（憲法66条2項）を挿入《そうにゅう》するよう強く求めています。

芦田修正の問題点

それでは、芦田修正は、当初から明確にそのような意図をもってなされたものだったのでしょうか。

結論から言うと、その後に判明した事実は、このような芦田の主張を十分に裏づけるものにはなっていません。たとえば、芦田は生前、芦田修正の意図については自らの日記にも記しており、さらには非公開となっている衆院小委員会の議事録にもその旨記録されていると述べていました。

ところが、のちに公刊された『芦田均日記』（岩波書店、1986年）にはそのような記述はなく、また1995年についに公開された小委員会議事録では、「前項の目的を達するため」という文言を挿入した意図がまったく異なるものであったことも明らかとなっています（古関・前掲書、122〜128頁も参照）。

また、芦田修正にもとづく憲法9条解釈には、そもそも憲法学的にも大きな問題点が残っていると言わざるをえません。というのは、芦田修正は、戦争や軍事力の存在を想定しているわけですが、それらが「自衛」を目的としたものだとしても国家の権力行使であり国家機関のひとつである以上、憲法に基礎をおいていなければなりません。それが、国家権力を憲法の縛《しば》りのもとにおく「立憲主義」という考え方です。軍事力を保持する立憲主義国家の憲法では、軍事力行使に対する議会承認の手続きや軍隊指揮権の所在などについて定めているのが一般的です。ところが、日本国憲法には、そのようなことを定めている箇所はありません。この点からみても、芦田修正にもとづく憲法9条解釈は、致命的な欠陥を抱えていると言わざるをえないでしょう。

なお、2014年5月15日、安倍首相の私的諮問機関である「安全保障の法的基盤の再構築に関する懇談会」が提出した最終報告書は、この芦田修正にもとづいて集団的自衛権行使だけではなく国連の集団安全保障措置《そち》への参加も全面的に求める提言を行いました。けれども、同日夕刻に安倍首相が発表した「政府の基本的方向性」でさえ、「芦田修正論は政府として採用できません」として、このような憲法9条解釈を明確に退《しりぞ》けています。

「押しつけ憲法」論のまやかし——あらためて、戦力を放棄したことの意義を考える

さて、このようにみてくると、一方で憲法9条はGHQの強制のもとに作成を余儀《よぎ》なくされ、当時の日本の声がまったく反映されていなかったという印象を抱く方も多いのではないでしょうか。安倍首相は、この点をして日本国憲法の無効を訴え、国民の手に憲法を取り戻すために憲法改正を実現しようと強く主張しています。

たしかに、日本国憲法の制定にあたって、GHQによる「押しつけ」がまったくなかったと言うことはできません。けれども、「押しつけ」の事実ばかりを強調する人びとは、憲法9条が制定されたのち、むしろ当時の国民がこれを嫌がるどころか積極的に支持し、そして憲法9条がその後約70年にわたって曲がりなりにも維持されつづけてきたという圧倒的な事実を、あまりにも軽視しすぎているのではないでしょうか。

また、先にマッカーサー3原則をめぐるGHQ内部でのやりとりでは、「自衛」のための戦争を禁じた箇所を削除する修正がなされたことを紹介しました。GHQによる「押しつけ」の側面を強調しそれに批判的なはずの論者たちは、皮肉にもこうした事実を重視しています。

けれども、これよりあとの帝国議会の審議の段階で、吉田茂《よしだしげる》首相が、憲法9条をめぐり次のような答弁を行っていたことは、当時の日本政府自身の立場と憲法9条の原点を示したものとして、なお注目に値すると思われます。すなわち、「国家正当防衛権に依《よ》る戦争は正当なりとせらるるようであるが、私は斯《か》くの如《ごと》きことを認むることが有害であると思うのであります……近年の戦争は多くは国家防衛権の名に於《おい》て行われたることは顕著な事実であります、故に正当防衛権を認むることが偶偶《たまたま》戦争を誘発する所以《ゆえん》であると思うのであります」（1946年6月28日帝国議会衆院本会議）。

そして、何より強調しておきたいのは、これまで憲法9条の存在が、アジア・太平洋地域で日本がふたたび軍事的脅威とならないという信頼醸《じょうせい》成機能を確実に果たしてきたという事実です。2005年7月、世界のNGOネットワークである「武力紛争予防のためのグローバルパートナーシップ（GPPAC）」は、国連本部で行われた世界会議で「武力紛争予防のための世界行動提言」を採択しましたが、そのなかでは憲法9条について、次のような評価もなされています。「世界には、規範的・法的誓約が地域の安定を促進し信頼を増進させるための重要な役割を果たしている地域がある。例えば日本国憲法第9条は、紛争解決の手段としての戦争を放棄すると共に、その目的で戦力の保持を禁止している。これは、アジア・太平洋地域全体の集団的安全保障の土台となってきた」。憲法9条を世界に誇れる「平和ブランド」として積極的に発信していくことが、いまなにより求められているのではないでしょうか。

安保法制が可決され、もはや範囲も定かではない、「我が国と密接な関係にある他国に対する武力攻撃」によって日本の存立や国民の生命・自由・幸福追求権が覆《くつがえ》されると政府が認定する事態〈存立危機事態〉に対して実力を行使することも、憲法9条が認める「自衛の措置」として許容されたいまだからこそ、わたしたちは、憲法9条の原点のリアリティをもう一度認識する必要があるでしょう。

参考文献
古関彰一『日本国憲法の誕生』岩波現代文庫、2009年
鈴木昭典『日本国憲法を生んだ密室の九日間』角川ソフィア文庫、2014年
豊下楢彦『昭和天皇の戦後日本――〈憲法・安保体制〉にいたる道』岩波書店、2015年

3

「冷戦」という〝力による平和〟

梶原 渉

資本主義対社会主義、西側対東側ってどういうこと?

〝第二次世界大戦後、資本主義と社会主義という、世界のあり方をめぐる2つの相容れない考えが対立していた時期があった。冷戦とは、このもとで、世界の主要な国々がアメリカを中心とする西側陣営と旧ソ連を中心とする東側陣営の2つに分かれ、世界大戦のように大規模に軍事衝突はしなかったものの、政治的・軍事的に対立したことである。これは、1989年11月のベルリンの壁崩壊をきっかけに東欧諸国が民主化され、1991年12月にソ連が解体して社会主義陣営がなくなったことによって終わった〟——冷戦について、こういった説明が広くされています。

まずその概略をみておきましょう。その原因や背景についてはさまざまな議論がありますが、冷戦は、一般的には、1947年、アメリカのトルーマン大統領が共産主義封じ込め政策（トルーマン・ドクトリン）を打ち出したことによって始まったとされます。1949年には西側陣営をたばねる軍事同盟として北大西洋条約機構（NATO）が北米・西欧諸国によってつくられ、1955年には東側陣営をたばねる軍事同盟としてワルシャワ条約機構が旧ソ連と東欧諸国によってつくられます。枢軸《すうじく》国だったドイツは、東西に分かれて独立しました。ヨーロッパではこのような分断が40年近く続きました。

アジアでの「熱戦」

アジアにおいて冷戦は、軍事衝突をともなって展開しました。実際に戦火を交えたことから「熱戦」と呼ばれます。日本の植民地だった朝鮮半島は、北緯38度線を境に、旧ソ連とアメリカによって南北に分割占領され、それぞれが1948年に独立します。朝鮮民主主義人民共和国と大韓民国は、1950年から戦争を始め（朝鮮戦争）、民族の分断が決定的となります。53年に休戦協定が結ばれたものの、現在にいたるまで、朝鮮戦争は法的に続いていることになっており、アジアの不安定要因のひとつとなっています。

「熱戦」は、インドシナ半島に飛び火します。いまのベトナム、ラオス、カンボジアがあるこの地域は、フランスの植民地で、第二次世界大戦中は日本が占領していました。戦後、この地域の人びとは独立運動を起こしますが、フランスは独立を認めず、インドシナ戦争が始まりました。ベトナムの社会主義化をふせぐという名目で、アメリカはフランスと組んで、南ベトナムに傀儡《かいらい》政権を立てます。アメリカは、北ベトナムの社会主義政権（ベトナム民主共和国）を倒すため、北ベトナムによる武力攻撃をでっち上げて、集団的自衛権を理由に北ベトナムに戦争を起こしました（ベトナム戦争）。

中国では、第二次世界大戦終結後、日本の侵略に対してともに戦っていた国民党と共産党との間で内戦が起こります（国共内戦《こっきょうないせん》）。これには共産党が勝利し、1949年10月に中華人民共和国ができ、負けた国民党は台湾に中華民国政府を移します。中華人民共和国は、ソ連と軍事同盟を結び、経済や軍事面での援助を受けます。

図　核弾頭備蓄数の推移（1945〜2013年）

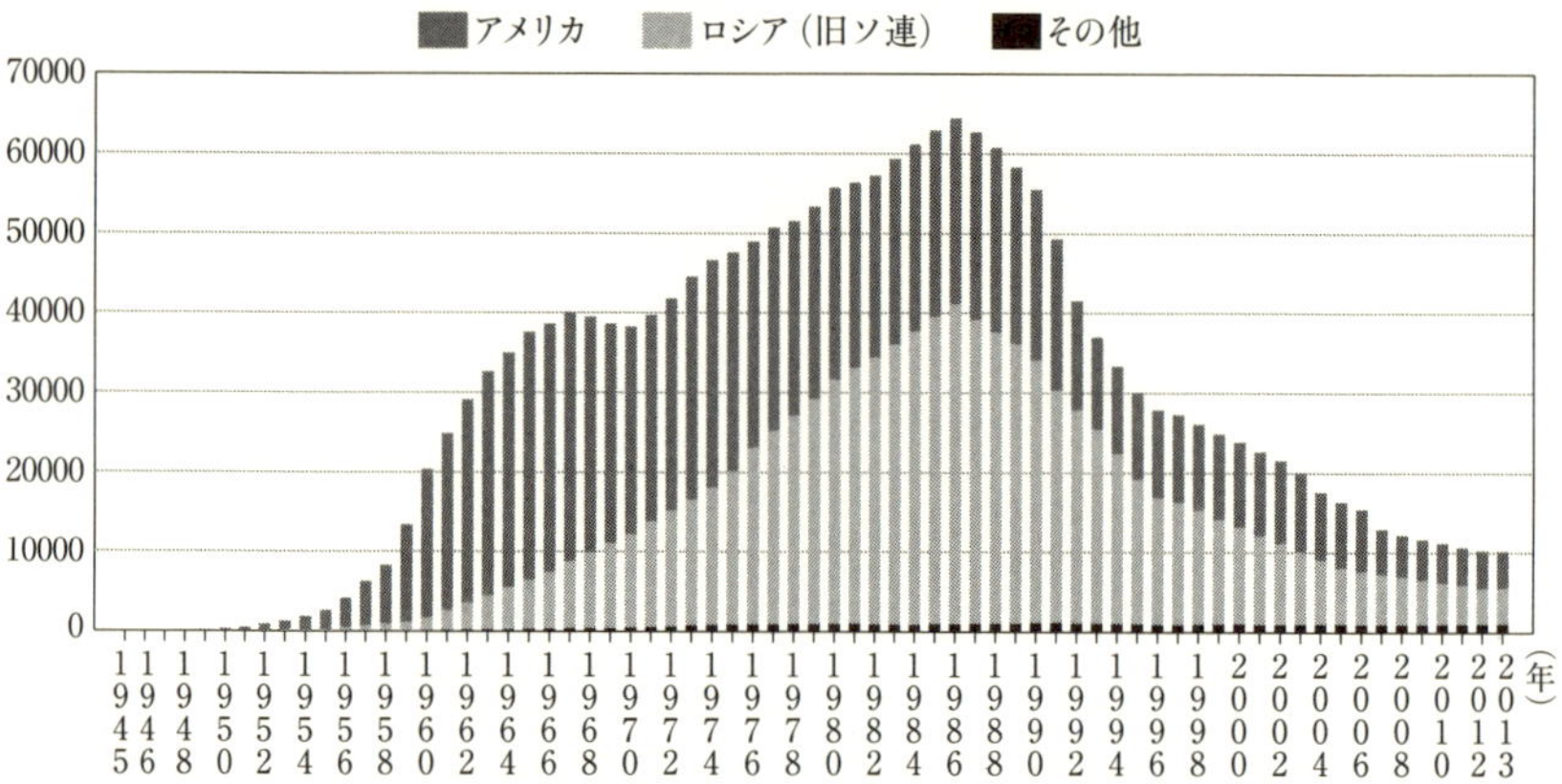

（原注）1．アメリカとロシアについては，表にある備蓄数に加えて，退役したものの解体を待つだけの手つかずの核弾頭を，それぞれ数千発ずつ保有している。これらの数を含めた場合，2013年の世界の核弾頭総数は17000発を超える。

2．インドは1974年に核実験を実施し，北朝鮮は2006年，2009年，2013年に核実験を実施した。しかし，配備可能な核弾頭を備蓄しているという公の証拠はない。

（筆者注）その他は，北朝鮮，パキスタン，インド，イスラエル，中国，フランス，イギリスの７か国。

原注１にあるように，アメリカとロシアの核弾頭数には解体を待つものが含まれていない。そのため本文の表記とはズレが生じている。

（出典）Hans M. Kristensen and Robert S. Noriss, "Global nuclear weapons inventories, 1945-2013", *Bulletin of the Atomic Scientists* 69（5）, September/October 2013, p. 78.

しかし、中国は、１９６０年代半ばから核兵器開発や社会主義のあり方をめぐってソ連と対立するようになり（中ソ対立）、領土をめぐって武力衝突にまでいたりました。同時期に戦われていたベトナム戦争に苦戦していたアメリカは、北ベトナムを支援していたソ連を牽制《けんせい》するため、中国に接近し、中国も、単独ではソ連に対抗できないと判断してアメリカと接近します（米中接近）。１９７９年に、アメリカと中国は国交を回復するにいたりました。

核兵器と軍事同盟

冷戦における軍事的対立を象徴するのが、核兵器と軍事同盟です。核兵器は冷戦期に、米ソ二大国によって、自らの軍事的優越をお互いに示すため、また、二大国の間でどちらかの核攻撃を抑えることを名目に、大量につくられました（図参照）。一番多い時期には７万発以上の核兵器が地球上に存在し、人類を何度も絶滅させることができるほどの数でした。2015年現在、1万6000発近くに減ってもなお、人類の生存にとって脅威《きょうい》でありつづけています。

軍事同盟とは、共通の敵や利害をもつ国どうしが結ぶ、軍事的な取り決めです。締約《ていやく》国のうち一国にでも武力攻撃が加えられた場合、すべての締約国が協力して反撃するということが、軍事同盟の核心です。これを法的に正当化するのが集団的自衛権です。国連憲章の審議《しんぎ》の過程で、アメリカの冷戦政策を背景に加えられたと言われています。

冷戦期の軍事同盟は、東西両陣営がお互いを仮想敵とみなし、アメリカないしソ連が自らの同盟国の防衛に協力するという名目でつくられ、それを担保《たんぽ》することを名目に米ソの軍隊が同盟国に駐留しました。しかし、アメリカやソ連軍の他国への駐留は、その国の防衛というよりもむしろ、米ソの覇権《はけん》争いの軍事的拠点としての役割を求められていました。ソ連がチェコスロヴァキアやハンガリーに武力介入したように、軍事同盟のもとにあった国に、自主的な外交や安全保障を認めたものではなかったのです。また、東西両陣営の対立によって、アメリカとソ連が拒否権を発動し、紛争の平和的解決を期待されていた国際連合安全保障理事会も機能しませんでした。

どうして世界大戦は三たび起きなかったのか?

以上が、冷戦のもつ、米ソの二極による対立という主要な側面です。このような文脈で、冷戦期、米ソそれぞれを中心とする軍事ブロックが力のバランスを保っていたために、世界大戦のような大規模な軍事衝突が起こらなかったのだという解釈がたびたびなされてきました。「長い平和」と言われることもあります。しかし、本当に軍事力のバランスが保たれていたために「平和」だったのでしょうか?

そもそも、核兵器を頂点とする軍事力のバランスは不安定でした。アメリカかソ連どちらかが核軍備を増強すれば、バランスを保つことを名目に、他の一方が自国の核軍備を増強するという核軍拡競争が起こったのです。1962年、キューバにソ連のミサイル基地建設がされようとしたことをきっかけに、アメリカとソ連の間で核戦争寸前にいたったこともあります（キューバ危機）。戦後70年間、世界規模での戦争が起きなかったのは、すでにみた戦争の違法化など、国際法の発展に加えて、軍事力以外の要因があったからだと言えます。

平和運動の力

その第一は、戦争や核兵器に反対する世界の人びとの声と行動でした。朝鮮戦争の際、核兵器の禁止を呼びかける「ストックホルム・アピール」署名が世界中で約5億人分集められ、アメリカによる核兵器使用を思いとどまらせる力となりました。ベトナム戦争反対運動や、1980年代後半の反核運動は国境を越えて大規模に行われました。こうした平和運動は、あとでふれる非同盟運動などとも連携《れんけい》しながら、国際連合（国連）をとおして、国際政治に世論や民意を反映させる役割を果たしています。

ヨーロッパでの中小国のイニシアティブ

第二に、アメリカとソ連の対立の最前線だったヨーロッパでは、その対立の間にあった中小国が緊張緩和に重要な役割を果たしました。重要なのは、旧西ドイツのブラント政権（1969〜74年）が行った東方外交です。旧東ドイツの存在を認めず、ソ連以外の東欧諸国と国交を結ばないという基本政策を、ブラント政権はアメリカの反対にもかかわらず転換しました。第二次世界大戦中にドイツが東欧諸国に行った戦争犯罪を謝罪し、旧東ドイツを主権国家として認めて善隣《ぜんりん》関係を築くなど、緊張緩和に尽力しました。

このほか、NATOに加盟せずに中立政策をとり、ベトナム戦争の際にアメリカからの脱走兵を受け入れたり、軍縮外交に取り組んだりしたスウェーデンのような国々もありました。これらの存在が、ヨーロッパにおける全欧安全保障協力会議（PartⅢ・5参照）の創設につながります。

「第三世界」の団結と努力

第三に、欧米の植民地からの独立を果たしたアジア、アフリカ、ラテンアメリカ諸国の存在も見逃せません。東西両陣営いずれにも属さなかった国々を「第三世界」と言います。

冷戦は、それが戦後処理の過程で、旧枢軸国の勢力圏の分割をめぐって始まったことからわかるように、米ソ両国による世界規模での勢力圏争いでもありました。「第三世界」はその舞台だったのです。米ソどちらも、これらの国々を自らの陣営に引き留めるために、経済面や軍事面で援助しましたし、自らの利益に反する行動をとると判断した場合には、軍事力を使ってでも介入したのです。

「第三世界」の国々は、自らの政治的・経済的自立のため、政治体制の違いを超えてまとまろうとしました。1955年、インドネシアのバンドンに30か国がつどい、アジア・アフリカ会議が開かれます。ここで採択された平和十原則では、基本的人権と国連憲章の原則と目的の尊重、内政不干渉、領土保全、国際紛争の平和的解決などが、あるべき国際関係の原則として掲げられました。「第三世界」の国々は、非同盟運動やＧ77《ジーセブンティセブン》といった国家グループをつくり、国連総会の場で、核兵器禁止・廃絶や全面完全軍縮、公正な国際経済秩序の実現を主張し、1970年代には一定の影響力をもちました。

〝冷戦〟が現代世界にもたらしたもの

はじめに述べたように、冷戦は、社会主義陣営の崩壊によって終わったと言われています。たしかに、二大核保有国の対立がいったんは消えたことで、大規模戦争の危険性は遠のきました。しかし、だからといって、冷戦が平和的に終わったわけではありません。地域紛争の激化や、大量破壊兵器の拡散、テロといった、いまわたしたちが直面している安全保障上の問題は、冷戦期にその起源があります。

冷戦の歴史は、そのまま、大量破壊兵器の最たるものである核兵器拡散の歴史でした。核保有国は、１９６０年代までにアメリカ→ソ連→イギリス→フランス→中国と増え、これ以上核保有国を増やさないために、１９７０年に核不拡散条約（ＮＰＴ）が発効します。ＮＰＴは、その第6条でこれら5か国に核軍縮・廃絶の措置《そち》に向けて誠実に交渉する義務を課していますが、現在にいたるまで実現していません。このため、あらたに核保有国が生まれることを止められていません。

アメリカが冷戦政策として支援した勢力が、冷戦後にアメリカに刃向かったことも指摘しなければなりません。ソ連によるアフガニスタン侵攻（１９７９〜89年）の際、アメリカは現地のイスラム勢力に武器などを支援していました。ソ連がアフガンから撤退《てったい》するとこの地域は無秩序状態に陥りますが、そこから台頭《たいとう》したのがイスラム原理主義勢力であるタリバンです。また、イラン・イラク戦争（１９８０〜88年）で、アメリカはイラクを支援していました。冷戦が終わるとすぐ、イラクは湾岸《わんがん》戦争を起こし、中東での不安定要因となりました。

タリバンもイラクも、冷戦終了後の「対テロ戦争」の時代になってアメリカなどの先進国が「脅威」だとみなし、戦争をしかけた存在でした。しかし、その原因は、ほかならぬアメリカの冷戦政策がつくったものなのです。

冷戦が終わっても、大国中心の世界秩序が終わったわけではありません。核兵器はなくなっていませんし、「第三世界」の国々が求めつづけてきた公正な国際経済秩序はできていません。むしろ、冷戦終了後に進んだグローバリゼーションのもと、あとでみるように、世界規模で経済格差が広がる不公正な経済秩序が生まれ、このような状態を維持する手段として軍事同盟は存在しつづけています（コラム4、ＰａｒｔⅡ・10参照）。世界のこれからの平和を展望するには、冷戦期に大国が何をしてきたかを見すえるとともに、平和運動や中小国が訴えてきた平和政策の実現に取り組まなければなりません。

参考文献

猪木武徳・高橋進『冷戦と経済繁栄（世界の歴史29）』中央公論新社、1999年（中公文庫、2010年）
ジョゼフ・ガーソン『帝国と核兵器』原水爆禁止日本協議会訳、新日本出版社、2007年
木畑洋一『二〇世紀の歴史』岩波新書、2014年
木畑洋一編『20世紀の戦争とは何であったか（講座 戦争と現代2）』大月書店、2004年
ヴィジャイ・プラシャド『褐色の世界史——第三世界とはなにか』粟飯原文子訳、水声社、2013年
油井大三郎・古田元夫『第二次世界大戦から米ソ対立へ（世界の歴史28）』中央公論新社、1998年（中公文庫、2010年）

4 サンフランシスコ講和条約が残した大きな問題

佐々木 啓

戦後の日本と世界のかかわりを大きく規定した条約

サンフランシスコ講和条約は、第二次世界大戦で連合国を構成した48の国々と日本との間で、1951年9月に締結《ていけつ》された条約です。翌年4月の条約発効をもって、日本とこれらの国々との戦争状態は正式に終了し、アメリカ主導の占領統治も終焉《しゅうえん》をむかえました。この条約は、日本の主権回復や領土処理、安全保障、賠償《ばいしょう》にかかわる重要な内容を定めており、戦後の日本と世界の関係を大きく方向づけるものでした。日本は、平和主義を掲げる独立国家としてあらためてスタートを切りましたが、他方で、東西冷戦という国際環境のなかで、アメリカを中心とする西側陣営に組み込まれていきます。

西側陣営への取り込みと「寛大な講和」

サンフランシスコ講和条約には、大きく分けて3つの問題がはらまれていたと言えます。

第一に、この条約は、連合国による占領統治の終了と日本の主権回復を承認するものでしたが、例外とされた地域が存在しました。沖縄や小笠原《おがさわら》諸島は、日本には返還されなかったのです（第3条）。小笠原諸島は1968年まで、沖縄は1972年まで、アメリカによる統治が継続しました。また、外国の軍隊がひきつづき日本に駐留することが規定され（第6条ⓐ）、同条項を根拠に締結された日米安全保障条約によって、米軍の駐留継続が定められました。日本は、独立国家として再出発したにもかかわらず、なおも他国の軍隊を国内におきつづけることになったのです。

第二に、この条約は48か国としか締結されませんでした。「しか」と書いたのは、本当は当事者であるはずのいくつかの国々が、調印しなかったからです。まず、ソ連、ポーランド、チェコスロヴァキアといった、社会主義国は、米軍の駐留継続や沖縄・小笠原の米国統治などに反対し、この条約に調印しませんでした。日本は、この条約では東側諸国との講和を実現することができなかったのです。中国については、中華人民共和国と中華民国のどちらの政府を講和会議に招請《しょうせい》するか、アメリカとイギリスの間で合意がなされなかったため、代表が招請されずに終わりました。日本がもっとも長期にわたって戦争を行い、おびただしい被害を与えた国であるにもかかわらず、中国との講和は実現しなかったのです（中国との戦争状態の終結が最終的に確認されたのは、1972年の日中共同声明によってでした）。インド・ビルマの両国は、招請されたものの、会議自体には欠席しました。インドは、アメリカによる沖縄・小笠原の統治や占領軍の駐留継続に反対しており、ビルマは、賠償条項が不十分であることに不満をもっていました。韓国と北朝鮮は、戦時中は日本の植民地支配下にあったために、講和の対象となりませんでした。こうして、サンフランシスコ講和条約は、すべての連合国を相手とする「全面講和」ではなく、社会主義国やアジアの一部の地域を除外した「片面講和」となりました。

第三に、この条約では、日本の賠償責任が相当に軽減されました。アメリカは、第一次世界大戦後にドイツに多額の賠償を負わせたことが第二次世界大戦のひとつの要因となったとみており、さらに、１９５０年6月の朝鮮戦争の勃発《ぼっぱつ》を背景に、日本を極東《きょくとう》における軍事戦略上重要なものと位置づけるようになっていました。そうした見地から、アメリカは同年10月、「対日講和七原則」において対日賠償請求権を放棄する方針を掲げます。しかし、こうした方針は、フィリピンをはじめ日本の侵略によって大きな被害を受けたアジア諸国から強い反対を受けたため、賠償請求権については一定程度条文に盛り込まざるをえなくなりました。結局、連合国の賠償請求権は基本的に放棄されると規定される一方で（第14条(b)）、賠償を支払う場合にも、現状では日本に十分な支払い能力がないため「役務《えきむ》」によって支払うこと、つまり、金銭ではなく労働やサービスなどの提供によって償《つぐな》うことと定められました（第14条(a)）。この条約の規定にもとづき、日本は南ベトナム（ベトナム共和国）、フィリピン、インドネシアなどの国々と賠償協定を結び、経済協力による賠償を実行することになります。これらの賠償は、いずれも被害者個人ではなく、国家を対象とするものでした。こうして日本は、敗戦国でありながら、再軍備や工業生産を制限されず、賠償責任についても、かなりの程度軽減されたのです。講和会議に参加した吉田茂《よしだしげる》首相は、条約の内容を「史上かつて見ざる寛大なもの」と評価しました。

以上のように、サンフランシスコ講和条約は、冷戦構造のもとで展開されるアメリカの軍事戦略上の意図が色濃く反映されており、戦後日本の平和と発展に禍根《かこん》を残す、問題の多い内容でした。したがって、条約の締結にあたって、国内では、共産党などが構成する全面講和愛国運動協議会や、総評などが構成する日本平和推進国民会議、末川 博《すえかわひろし》や上原専禄《うえはらせんろく》といった知識人を中心とする平和問題懇談会などが、「片面講和」ではなく「全面講和」を求める運動を展開しました。しかし、吉田内閣のもとで条約は締結・批准《ひじゅん》され、日本は、独立国でありながら、アメリカの強い権威《けんい》のもとに位置づけられる、複雑な進路を歩むことになったのです。

旧植民地を含む領有権の放棄

こうして締結されたサンフランシスコ講和条約には、その後の領土問題、とりわけ北方領土問題や竹島（韓国名・独島《トクト》）問題につながる複数の矛盾があったことも見逃せません。

日本は、この条約によって、いくつかの地域の領有権を放棄することになりました。まず、１９１０年の韓国併合以来植民地支配してきた朝鮮の独立を承認し、済州島《さいしゅう》、巨文島《きょぶん》および鬱陵島《うつりょう》を含めてそのすべての権利、権原、請求権を放棄しました（第2条ⓐ）。また、同じく１９０５年以来植民地としてきた台湾および澎湖《ほうこ》諸島に対するすべての権利、権原、請求権についても放棄しました（第2条ⓑ）。19世紀末以来、侵略戦争によってうばった東アジアの諸地域を、すべて返還することを承認したのです。また、ソ連との関係では、日露戦争後のポーツマス条約でロシアから獲得した南樺太《からふと》と、千島《ちしま》列島についての領有権を放棄しました（第2条ⓒ）。

明記されなかった帰属先

こうして、日本は多くの地域の領有権を放棄することとなりましたが、そこにはいくつかの問題がありました。まず、この条約では、日本による領有権の放棄が規定される一方で、その帰属先が明記されていませんでした。これは偶然ではなく、国際関係の力学の反映によるものです。アメリカが作成した初期の条約案においては、将来紛争が発生しないように明確な国境を画定することが追求されていました。そこでは、台湾の帰属先は「中国」、南樺太・千島列島の帰属先は「ソ連」とされていて、１９４９年11月の草案までは、竹島／独島についても「朝鮮」に帰属することとされていたのです。こうした条約案の背景には、第二次世界大戦中の１９４５年2月に行われた、米英ソ三首脳（ルーズヴェルト、チャーチル、スターリン）によるヤルタ会談の構想がありました。同会談では、戦後の国際秩序の安定化をはかるために、大国間の勢力範囲を明確にし、協調関係を前進させることがめざされました。日本の武装解除や民主化、限定的な経済復興といった占領政策も、そうした構想のもとに、日本の軍国主義の復活を抑制するものとして考えられていたのです。

しかし、東西冷戦が激化し、１９４９年末に朝鮮半島の北半分と中国大陸に共産主義政権が樹立されたことをきっかけに、アメリカ政府のなかでこうした構想は否定されるようになり、日本を西側陣営に取り込みつつ、東側諸国の勢力拡大を抑え込んでいくことが重要な課題とみなされるようになりました。そうして、アメリカの条約草案のなかから台湾、千島・南樺太の帰属先としての「中国」、「ソ連」が削除され、また、竹島／独島の記載自体がなくなったのです。冷戦の激化によって、戦時中に構想された戦後の世界秩序の安定化が否定され、大国間の勢力範囲は流動的なものとなりました。そうした情勢のなかで、日本周辺の国境の規定が曖昧《あいまい》なものとなったのです。

北方領土問題の起源

第二に、この条約では返還される領土の厳密な範囲が明記されていませんでした。この点は、とりわけ北方領土問題との関係で大きな禍根を残すことになります。先にみたように、条約には日本が千島列島を放棄することが明記されていたのですが、千島列島がどこからどこまでを指すのか、明確に示されていなかったのです。日本政府は、ソ連（ロシア）が実効支配する歯舞《はぼまい》、色丹《しこたん》、国後《くなしり》、択捉《えとろふ》のいわゆる「北方四島」は、日本が放棄したところの千島列島には含まれないとして、その返還をロシアに求めてきました（図１）。

しかし、戦前の日本においては一般に、色丹、国後、択捉は千島列島の一部と考えられており、46年11月に日本外務省がアメリカ政府に提出した文書（『日本本土に隣接する諸小島』）では、国後、択捉は千島列島の一部で、歯舞、色丹は根室《ねむろ》岬の延長とみなされていました（図２）。そうした理由から、国後、択捉両島の返還を求めるのは無理があり、まずは歯舞・色丹両島のみの返還を求めるのが筋である、という考え方があります。
また、そもそも千島列島については、１８７５年に日本とロシアの間で樺太・千島交換条約が締結されており、その領有権は日本が所有するということが確認されていました。しかし、第二次世界大戦末期のヤルタ会談において、ソ連が対日参戦の条件として千島の引き渡しを求め、それをアメリカ・イギリスが承認したとい

図1　日本政府が現在千島列島としてみなしている範囲

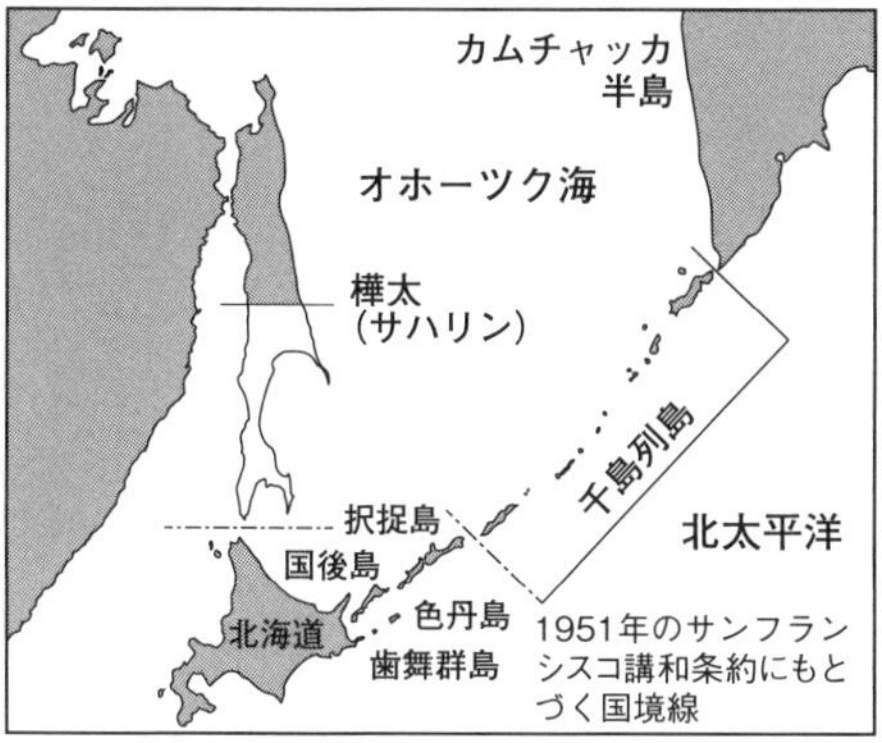

（出典）外務省ホームページより作成。

図2　日本政府が1946年11月の段階で千島列島（Kurile islands）とみなしていた範囲

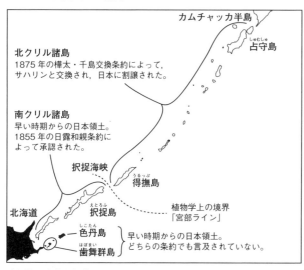

（出典）日本外務省『日本本土に隣接する諸小島』（1946年11月）より作成。

う経緯があります。アメリカ大統領とイギリス首相によって1941年8月に発表された大西洋憲章には、戦争によって領土の拡張をめざさないという方針が確認されており、ソ連も同年9月にこの憲章への参加を表明していました。それにもかかわらず、こうした協定や条約が結ばれたのは問題があり、千島列島はすべて日本に返還されるのが筋である、という考え方もあります。

以上のように、サンフランシスコ講和条約においては、戦時中からの大国間のかけひきや冷戦構造の展開を受けて、返還する領土とその範囲、帰属先が曖昧なものとなりました。そうした歴史的経緯が、領土問題の解決にあたって課題を残すこととなったのです。

サンフランシスコ講和条約は、第二次世界大戦後の世界秩序の展開を大きく方向づけた条約であり、侵略戦争をした日本の国際社会への復帰の条件として重要な意味をもっていました。しかし他方で、米軍基地問題や戦後補償、領土問題などの点で、多くの矛盾をはらんでおり、さまざまな課題を残すこととなりました。東アジアにおける国家間の緊張が高まっている昨今ですが、未来に向けて平和で友好的な関係を発展させていくためにも、歴史的文脈をふまえた検証と対話が求められていると言えるでしょう。

参考文献

原貴美恵『サンフランシスコ平和条約の盲点――アジア太平洋地域の冷戦と「戦後未解決の諸問題」』渓水社、2005年
宮地正人監修『日本近現代史を読む』新日本出版社、2010年
和田春樹『領土問題をどう解決するか――対立から対話へ』平凡社新書、2012年

5 主権回復後も残された米軍基地

——安保条約締結の裏で何があったか

布施祐仁

現在、日本には82もの米軍専用基地（施設・区域）があります。自衛隊の施設を米軍も共同使用しているところを含めれば１３１にもなります（防衛省ホームページ、２０１５年3月31日現在）。そして、これらの基地に、約5万人の米軍人・軍属が駐留《ちゅうりゅう》しています。

「独立国」である日本に、これだけ多くの外国軍隊の基地があるのは、「当たり前」のことではありません。在日米軍基地の法的根拠となっているのが、日米安全保障条約です。この条約は１９５１年9月に調印され、翌52年の4月28日、サンフランシスコ講和条約で日本の主権が回復したのと同時に発効します。これにより、敗戦とそれに続く占領下で設置された米軍基地の多くが、主権回復後も継続して使用されることになったのです。日米安保条約は１９６０年に現行のものに改定され、今日にいたっています。

そもそも、在日米軍は、何のために存在しているのでしょうか。

図　在日米軍の日本における配置

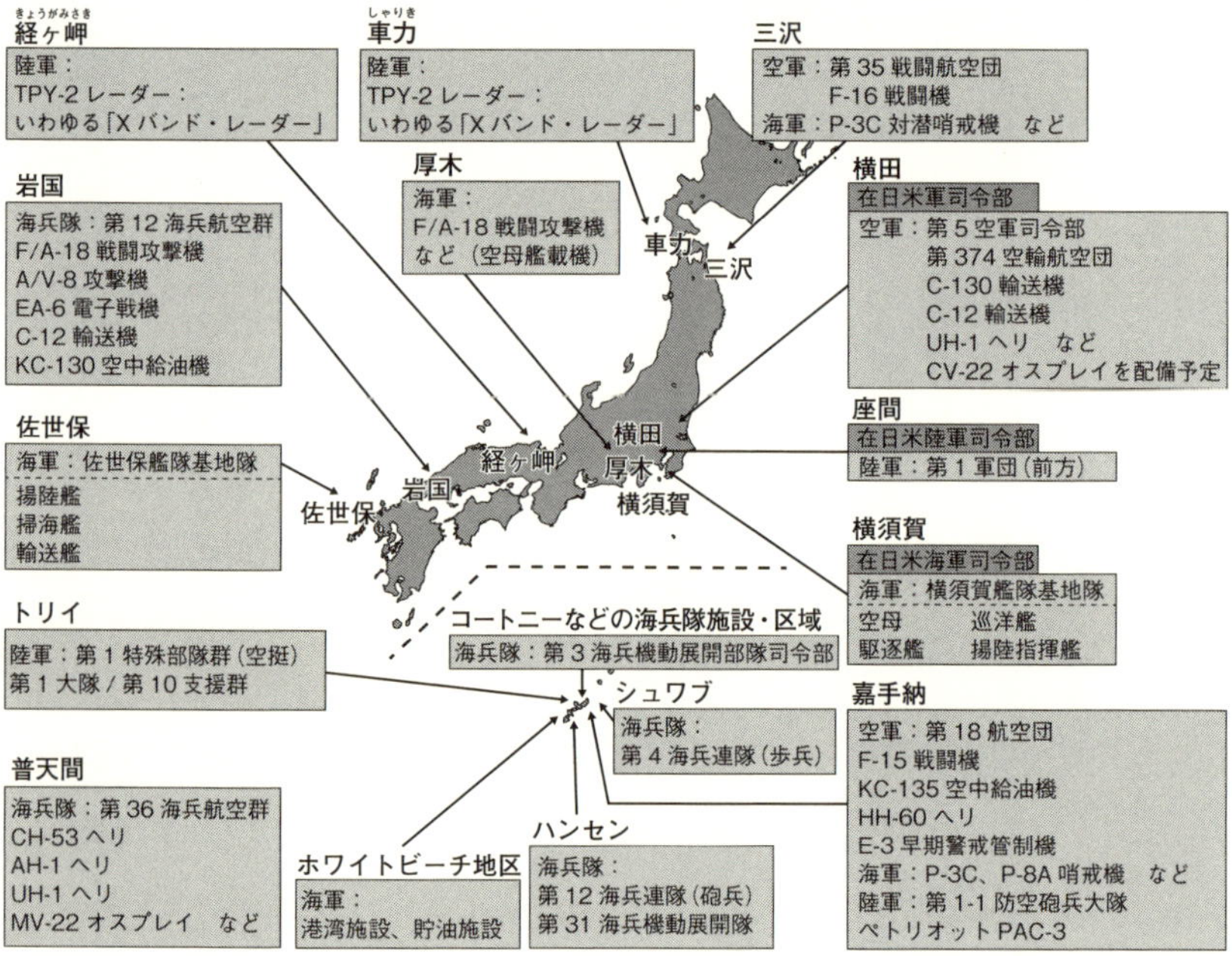

（出典）防衛省編『防衛白書　平成27年版』。

　おそらく、「日本を守るため」と考えている人が一番多いのではないでしょうか。でも、これは正確ではありません。この「誤解」については、かつて陸上自衛隊トップ（陸上幕僚長《ばくりょうちょう》）を務めた冨澤暉《とみざわひかる》氏も、「日本の防衛は日米安保条約によって米国が担っていると考える日本人が今なお存在する」と指摘したうえで、「在日米軍基地は日本防衛のためにあるのではなく、米国中心の世界秩序の維持存続のためにある」ということをもっと国民に説明すべきだと述べています（安全保障懇話会会誌、２００９年２月号）。また、当の米国政府の高官も、「米国は日本の直接の防衛に関する通常兵力は日本にはもっていない」（ジョンソン国務次官、１９７０年１月）などと説明しています。

　このことは、日米安保条約の制定および１９６０年の改定の際の日米の交渉過程をみると非常にくっきりと浮かび上がってきます。

占領時と変わらない特権維持を画策

1951年9月に調印された日米安保条約（旧安保条約）では、米国に日本防衛の義務は課せられていませんでした。交渉段階で日本はそれを要求しましたが、米国議会で「効果的な自助および相互援助」の能力を欠く国とは相互防衛援助関係を結ぶことを禁止する決議（ヴァンデンバーグ決議、1948年）が採択されていたため、米側が拒否したのです。当時、日本には国内の治安維持を任務とする警察予備隊しかありませんでした。

一方、米国は、条約の第1条で「極東《きょくとう》における国際の平和と安全の維持」のために在日米軍基地を使用できる権利を手に入れました。つまり、日米安保条約はスタート時から、日本を守るためではなく、「極東」における米国中心の秩序維持を目的として日本に基地をおくためのものだったのです。

この「極東条項」は、1960年の改定でも引き継がれました。政府は、「極東」の範囲について、「大体において、フィリピン以北並びに日本及びその周辺の地域（韓国・台湾も含む）」と説明していますが、同時に、「この区域の安全が周辺地域に起こった事情のため脅威《きょうい》となるような場合、米国がこれに対処するためにとる行動の範囲は、必ずしもこの区域に局限されるわけではない」とも言っています（1960年の政府統一見解）。つまり、米国がこの区域の安全に関連するとみなせば、区域外での作戦のために在日米軍基地を使うこともできるとされているのです。

1950年6月に朝鮮戦争が勃発《ぼっぱつ》すると、米国は日本を「西側陣営」に取り込むために講和条約の締結を急ごうとします。しかし、軍部は当初、対日講和に消極的でした。講和して日本の主権が回復すると、日本の米軍基地が占領時のように自由に使えなくなることを懸念《けねん》したのです。そのため軍部は、沖縄で米国が排他的かつ長期的な戦略支配の体制を構築することや、横須賀《よこすか》（神奈川県）の海軍基地をはじめとする日本本土の米軍基地を維持することを、対日講和の「条件」とすることを要求しました。

これを受けて、当時のトルーマン大統領は1950年9月に「米国は講和後も新協定を結び、実質的に占領時と変わりない（基地の）特権を保有する」とする対日講和方針（NSC60/1）を決定します。

それでは、米国が講和後も維持しようとした基地の「特権」とは、どのようなものだったのでしょうか。

米国は朝鮮戦争中、日本の米軍基地からの核兵器の使用をたびたび検討しました。トルーマン大統領は1950年11月末、「軍事上、必要とあらば、あらゆる措置《そち》を米国は講じる用意がある」と記者会見で語り、原爆の使用を示唆《しさ》しました。同年の年末には、国連軍の司令官を務めるマッカーサー将軍が北朝鮮と中国の数十か所の「原爆投下目標」のリストを本国に送ります。また、翌51年4月には、トルーマン大統領の決定により9発の原爆を搭載したB-29爆撃機中隊がいったんグアムに配備され、最終命令が出たら沖縄の嘉手納《かでな》基地に移動して原爆投下作戦を行うよう命令が下りました。

最終的には、同盟国である英国の反対や核兵器の絶対禁止を求める「ストックホルム・アピール」署名運動の世界的な広がりなどもあって原爆が使われることはありませんでしたが、もし使われていたら日本がその出撃基地となったのです。日本を占領していた米軍は、文字どおり、核兵器の使用も含めて日本国内の基地を使いたいように使えました。米国は、戦勝と占領によって手に入れたこの「基地の自由使用」という「特権」を、日本が主権を回復したあとも安保条約によって維持しようとしたのです。

望むだけの基地をおける「全土基地方式」

講和条約と安保条約の締結に向けた日米の交渉は、1951年1月に始まりました。交渉のために来日したダレス国務長官顧問は、米使節団の最初の会議で、交渉に臨む方針をこう述べました。

「日本に、われわれが望むだけの部隊を、望む場所に、望む期間だけ駐留させる権利を確保できるか――

これが根本問題である」。

実際、米側が最初に提案してきた条約案には、「米軍は占領終結に際し、連合国占領軍の管理下にあった施設に慣例として駐留し、必要とされるあらゆる施設および区域は米軍の管理下におかれる」との条文が盛り込まれていました。さすがに、これはあまりにも露骨《ろこつ》すぎるということで条文からははずされ、安保条約では、どこに基地をおくかは「両政府間の行政協定で決定する」とされました。すると米側は、その行政協定に、米国が駐留継続を希望する基地については講和条約発効後90日以内に日本側と協議し、合意できなかった場合は合意できるまで暫定《ざんてい》的に継続使用できるという条文を入れるよう求めてきました。

この協定案をみた宮沢喜一《みやざわきいち》氏(当時、大蔵大臣秘書官。のちに首相)は「90日以内に相談せよ、但《ただ》しまとまらなければ、まとまる迄《まで》いてよろしいというのでは、90日という日を限った意味は全くない。講和が発効して独立する意味が無いということにひとしい」と驚き、外務省に削除を求めたといいます(宮沢喜一『東京―ワシントンの密談』中公文庫、1991年)。結果的にこの条文は行政協定からは削除されますが、交渉にあたった日米の代表者間の「交換公文」というかたちで結ばれます。国民や野党の批判を逃れるために「密約」としたのです。

また、行政協定では、具体的に基地の場所を指定せず、安保条約の目的遂行《すいこう》に必要であれば日本のどこにでも基地をおくことができる「全土基地方式」が採用されました。さらに、講和条約によって、沖縄は奄美《あまみ》諸島や小笠原《おがさわら》諸島などとともに、日本の主権回復後もひきつづき米軍占領下におかれることとなりました。

こうして米国は、当初の目標どおり、日本の主権回復後も安保条約と行政協定によって「われわれが望むだけの部隊を、望む場所に、望む期間だけ駐留させる権利」を手に入れることに成功したのです。

に成功します。

「寛大なる基地権」を認めた行政協定

米国は、基地の使用についても、方針どおり、「実質的に占領時と変わりない（基地の）特権を保有する」ことに成功します。

行政協定第3条では、米軍は基地の区域内だけでなく、その近傍《きんぼう》でも、基地の管理や防衛、部隊の出入りのために「必要な権利、権力及び権能を有する」と定めました。これは、米軍が基地や部隊の運用上必要と判断すれば日本の主権に制約されずに行動することを認める、「治外法権」条項とも言うべきものでした。

この行政協定のもとでの実際の運用実態を雄弁《ゆうべん》に物語る米側の公文書が残っています。以下は、1957年2月14日、東京の駐日米国大使館から米国務省宛に送られた在日米軍基地に関する秘密報告書からの抜粋です。

「日本における米国の軍事活動の規模の大きさに加えて、際立つもう一つの特徴は米国に与えられた基地権の寛大《かんだい》さにある。安保条約第3条にもとづいて取り決められた行政協定は、米国が占領中に持っていた軍事活動遂行のための大幅な自立的な行動の権限と独立した活動の権利を米国のために保護している。安保条約のもとでは、日本政府とのいかなる相談もなしに「極東における国際の平和と安全の維持に寄与」するためわが軍を使うことができる。

行政協定のもとでは、新しい基地についての要件を決める権利も、現存する基地を保持し続ける権利も、米軍の判断にゆだねられている。（中略）米軍の部隊、装備、家族なども、地元とのいかなる取り決めもなしに、また地元当局への事前情報連絡さえなしに日本への出入を自由におこなう権限が与えられている。日本国内では演習がおこなわれ、射撃訓練が実施され、軍用機は飛び、その他の日常的な死活的に重要な軍事活動がなされている——すべてが行政協定で確立した基地権にもとづく米側の決定によって」（新原昭治『日米「密約」外交と人民のたたかい——米解禁文書から見る安保体制の裏側』）。

見せかけの「対等」だった安保改定

このように占領時代と変わらない特権を米軍に認めた安保条約を、独立した主権国家間の関係にふさわしい「対等」なものに改めるというのが、岸信介《きしのぶすけ》内閣が行った1960年の改定の「表看板」でした。それは、1950年代後半に高まった従属的な安保条約・行政協定に対する国民の批判と「非同盟中立」を求める世論の高まりを受け、対策をせまられてのことでした。

改定の目玉は、「事前協議制」（安保条約第6条）の導入でした。当時の日本国民の安保条約に対する最大の不安は、米軍基地があることで核戦争を含む米国の戦争に巻き込まれるというものでした。この不安を取り除くため、米軍が日本に核兵器を持ち込む場合や在日米軍基地からの作戦行動をとる際は、事前に日本政府と協議することを義務づけたのです。

しかし、それはあくまで見せかけにすぎませんでした。裏では、核兵器を搭載《とうさい》した艦船の寄港・通過や在日米軍基地からの直接の戦闘作戦行動ではない部隊の「移動」などを事前協議の対象からはずす密約を結び、事実上骨抜《ほねぬ》きにしていたのです（PartⅡ・7参照）。

1959年に締結されたドイツの地位協定（NATO地位協定のボン補足協定）と比べてもあまりにも「治外法権《ちがいほうけん》」の色合いが濃すぎると批判の大きかった前出の行政協定第3条も、あらたに結ばれた日米地位協定では、表向きは米軍の「特権」を弱めるかのような文言《もんごん》に改定されました。しかし、これも裏で「（米軍の権利は）行政協定のもとでと変わることなく続く」という密約を結んでいました。それだけでなく、日本の法令が米軍の任務遂行にとって「不適当」であることが明らかになった場合、法改正の必要性について日米合同委員会で議論することまで約束していたのです。

このように、表向きは「対等」をアピールした1960年の安保改定も、実質的には占領時代に米軍が獲得した「寛大な基地権」(基地の自由使用)を維持・存続させるものでした。

米国の戦争に加担することの責任

2003年3月に米国が始めたイラク戦争で、最初にトマホークミサイルをイラクに撃ち込んだのは、横須賀基地からペルシャ湾に展開した空母キティホークの随伴艦《ずいはん》でした。三沢《みさわ》基地(青森県)から派遣されたF-16戦闘機部隊ものべ750回出撃し、空爆を行いました。イラク戦争だけでなく、ベトナム戦争でも湾岸《わんがん》戦争でもアフガン戦争でも、在日米軍基地は米軍の出撃、補給、輸送、整備拠点となってきました。

冨澤元陸上幕僚長が指摘したように、「米国中心の世界秩序の維持存続」を目的とする軍事作戦のために、米軍が制約なく自由に使える基地を日本に確保することこそ日米安保条約の最大のねらいなのです。

日米安保条約に関する世論調査では、7割以上の人びとが「日本の安全に役立っている」などと肯定的な評価をしています。しかし、在日米軍は日本防衛のために存在しているのではありません。そして、米国に基地を提供するということは、米国が世界中で起こす戦争に加担することを意味します。わたしたち日本人には、この事実に向き合う責任があります。

参考文献

植村秀樹『「戦後」と安保の六十年』日本経済評論社、2013年
末浪靖司『機密解禁文書にみる日米同盟』高文研、2015年
新原昭治『日米「密約」外交と人民のたたかい――米解禁文書から見る安保体制の裏側』新日本出版社、2011年

6 なぜ沖縄に基地が集中したのか？

――海兵隊の拠点になったわけ

布施祐仁

現在、沖縄県には31の米軍専用基地があり、その面積は日本全国の米軍専用基地の約74％を占めています（防衛省ホームページ、２０１５年3月31日現在）。沖縄県の面積は国土の約０・６％ですので、過重な基地負担が沖縄に集中していると言えます。駐《ちゅう》留《りゅう》する兵力でも、在日米軍全体の約7割が沖縄に集中しています（ＰａｒｔＩ・４参照）。

こうした状況を沖縄の人びとは「構造的差別」と呼び、翁《お》長《なが》雄《たけ》志《し》県知事も「沖縄の米軍基地問題は、わが国の安全保障の問題であり、国民全体で負担すべき重要な課題」と強調します。

いったいなぜ、沖縄に米軍基地がこれだけ集中しているのでしょうか。それを理解するためには、沖縄の米軍基地の歴史を振り返ってみる必要があります。

住民を収容所に隔離《かくり》しての土地強奪

米国は沖縄戦が始まる約1年半前（1943年10月）には、沖縄本島にB-29爆撃機などで日本本土を攻撃するために必要な滑走路を建設することを検討していました。沖縄の地元紙『琉球新報《りゅうきゅうしんぽう》』が米国立公文書館から入手した当時の連合国軍最高司令部作成の機密文書によれば、米軍は沖縄本島を占領したうえで、現在の嘉手《かで》納《な》基地、普天間《ふてんま》基地、那覇《なは》空港と同じかきわめて近い場所に滑走路建設を検討していました。

1945年4月1日に沖縄本島に上陸した米軍は、ただちに「米国海軍軍政府」を設置し、日本のすべての政治管轄《かんかつ》権を停止して南西諸島を同政府の軍政下におくことを宣言する、いわゆる「ニミッツ布告」を公布しました。

日米両軍と民間人らを合わせて約20万人の死者を出したとされる激烈《げきれつ》な地上戦の末に沖縄を占領した米軍は、住民らを県内各地に設置した収容所に強制収容し、その間に旧日本軍の基地や民有地を次々と米軍基地設置のための「軍用地」として囲い込んでいきました。

普天間基地も、もともとは集落が点在し、サトウキビなどの栽培が行われていた農村地帯だったところを、米軍が沖縄戦の最中に接収《せっしゅう》し、「本土決戦」に備えて滑走路を建設したのが最初です。こうした民有地接収は、戦時・占領中であっても私有財産の没収を禁じるハーグ陸戦法規（第46条）に違反するものでした。

やがて東西の冷戦対立が強まり、中国の「国共内戦《こっきょうないせん》」で共産党軍が優勢になると、米国は沖縄を「太平洋のキーストーン（要石《かなめいし》）」と呼び極東《きょくとう》軍事戦略の要所として位置づけるようになります。1949年5月には、トルーマン大統領が沖縄の長期保有の方針を正式に決定します（NSC13/3）。

1952年4月に発効したサンフランシスコ講和条約で、日本は主権を回復しますが、沖縄は奄美《あまみ》諸島や小《お》笠原《がさわら》諸島などとともに本土から切り離され、ひきつづき米国の施政権下におかれることとなりました。

銃剣とブルドーザーによる新規接収

朝鮮戦争が激化すると、米軍は基地拡張のため、あらたな土地の接収に乗り出します。そのために１９５３年４月、地主が契約を拒否した場合でも米軍が土地を強制収容できる「土地収用令」を交付します。

そして、この「布令」を使って真和志《まわし》村（現那覇市）の安謝《あじゃ》地区や宜野湾《ぎのわん》村伊佐浜《いさはま》、伊江島《いえじま》の真謝《まじゃ》地区などで次々と土地を強制収用していきました。「土地を奪われては生きていけない」と住民らは激しく抵抗しますが、米軍は銃剣を突きつけ、家屋をブルドーザーでなぎ倒し、畑に火を放って土地をうばいました。

さらに１９５４年、軍用地料を一括《いっかつ》払いすることで事実上土地を買い上げる（半永久的に使用する）計画を米国が打ち出すと、大きな反対運動がわき起こります。米施政権下で権限が限られていた立法院（琉球政府の議会）も、一括払い反対、適正補償、損害賠償、新規接収反対の「土地を守る４原則」を全会一致で決議。立法院と琉球政府行政府、市町村長会、市町村議会議長会、軍用地主連合会が「五者協議会」をつくって渡米し、米国政府に直接、一括払いの撤回《てっかい》を求めました。

それでも米国が１９５６年に出した「プライス勧告」によって軍用地料の一括払いを強行しようとすると、各地で住民大会が開かれるなど反対運動はまたたく間に沖縄全域に広がっていきました。これが、１９５０年代の「島ぐるみ土地闘争」です。

本土から海兵隊が移転した理由

講和条約が発効し、沖縄が日本本土から切り離された当時、沖縄も含む日本の米軍基地の総面積の90％近くは本土におかれていました。

本土の米軍基地の多くは旧日本軍の基地をそのまま接収したものでしたが、冷戦の激化にともない、米軍は本土でも基地の拡張に乗り出します。しかし、沖縄と同様、激しい住民の抵抗にあいます。

代表的なものは、米軍の砲弾試射場設置に反対する石川県の内灘《うちなだ》闘争（1953年〜）や長野県と群馬県にまたがる浅間山《あさまやま》・妙義山《みょうぎさん》に米陸軍演習場を設置する計画に反対する闘争（1954年〜）などです。浅間山・妙義山では、住民らのねばり強い抵抗に米軍は演習場設置を断念せざるをえませんでした。

1955年には、海兵隊の配備にともない演習場を拡張した山梨県の「キャンプ・マックネア」（現在の北富士演習場）でも、それまでこの地で入会《いりあい》を行い野草などを採取してきた農民たちが、一方的な接収と入会地への立ち入り制限に抗議して演習場内に座り込みました。

このほかにも、各地の米軍基地周辺で米兵による婦女暴行などの事件や事故が多発し、住民との軋轢《あつれき》を生みだしていました。

このとき、米国は日本の世論が「中立主義」に向かい、日米安保体制が維持できなくなることをおそれました。実際、マスコミの世論調査でも、日本がとるべき外交政策について、朝鮮戦争勃発直後の1950年9月には「親自由主義陣営」が55%、「中立」が22%だったのが、1953年6月には「親自由主義陣営」が35%、「中立」が38%と逆転していました（『朝日新聞』）。

米国は日本の「中立化」を阻止するために、周辺住民とさまざまな軋轢を生む地上戦闘部隊を本土から撤退《てったい》させることで、安保を本土住民の目から「不可視化」しようとします。1955年5月、駐日大使アリソンは本国の国務長官に電報を送り、「日本と米国との関係の観点からは、地上軍の早期の、しかし秩序だった撤退がきわめて望ましい」、「日本の世論の多数は、駐留する地上軍を占領のシンボルとして見続けているので、移転を歓迎するだろう」、「撤退は、最近の富士の事件（前出）のような深刻な基地問題や、多数の部隊が日本に駐留することから生じる避けがたい摩擦《まさつ》を和らげることになるだろう」と地上戦闘部隊の撤退を進言します（林博史『米軍基地の歴史――世界ネットワークの形成と展開』)。

こうして岐阜県の「キャンプ岐阜」と山梨県の「キャンプ・マックネア」を中心に配備されていた米海兵隊・第三海兵師団は沖縄に移駐されることになります。

しかし、この時期は、沖縄でも「島ぐるみ」の土地闘争が起こっていました。当時、沖縄にいたスティーブス米総領事はアリソン駐日大使に「海兵隊が沖縄に駐留することになれば、深刻な事態に陥っている土地問題は解決できなくなる。計画を何とか変更する「土壇場《どたんば》の試み」を行うべきだ」と進言します。米軍のなかではグアムへの移転を摸索《もさく》する動きもありましたが、計画は覆《くつがえ》されませんでした。

海兵隊の移駐にともない、沖縄では基地の面積が1・8倍に拡大します。一方、本土では、海兵隊を含む地上戦闘部隊の撤退により米軍基地の面積はおよそ4分の1に減り、沖縄と本土の米軍基地の面積はほぼ同規模となりました。

結果的に、本土各地で繰り広げられた米軍基地に対する強力な反対運動と日本国民の「中立」志向の高まりが、このままでは日米安保体制そのものが維持できなくなると危機感を抱いた米国に、海兵隊の本土から沖縄への移駐を決断させたとも言えます。

「核抜き本土並み」は実現しなかった沖縄返還

海兵隊の移駐により、沖縄では基地が大幅に拡張されただけでなく、駐留兵力も1万人以上増えます。

これにより米軍・米兵による事件・事故も増大します。1959年6月30日には、嘉手納基地を飛び立った米軍ジェット戦闘機が石川市(現うるま市)の宮森《みやもり》小学校に墜落・炎上し、11人の児童を含む17人の死者と121人の重軽傷者を出す大事故が発生します。しかも、米軍・米兵による事件・事故が起こっても、米施政権下にあった沖縄では琉球政府の警察はいっさい手出しをすることができませんでした。

このような「植民地支配」さながらの無権利状態におかれた沖縄の人びとは、自治権の拡大と「祖国復帰」を求めて立ち上がります。沖縄が本土から切り離された講和条約発効から8年目の1960年4月28日、政党、労働組合、青年組織、婦人組織、市町村会などが結集して「祖国復帰協議会（復帰協）」を結成。復帰運動は第二の「島ぐるみ闘争」へと発展します。

米国はやがて、沖縄の長期保有の方針を転換せざるをえないところまで追い込まれます。1968年11月に行われた初の琉球政府行政主席の公選で、基地全面撤去と即時本土復帰を掲げる屋良朝苗《やらちょうびょう》氏が日米両政府の支援を受けた保守系候補に大差をつけて当選したことで、米国は沖縄返還が不可避だと認識します。そして、沖縄の長期保有ではなく、日本に返還したうえで、日米安全保障条約のもとで沖縄の基地の維持・存続をはかる方針に切り替えたのです。

しかし、沖縄の人びとは屋良主席を先頭に、「核抜き本土並み」の復帰を強く求めました。米国の占領さえ終われば、本土と同じように核兵器は撤去され、基地も大幅に削減されると期待したのです。

1969年11月、ワシントンで開かれた日米首脳会談で、両政府は1972年の沖縄返還で合意します。佐《さ》藤栄作《とうえいさく》首相は「核抜き本土並みを実現できた」とその成果を強調しましたが、沖縄の人びとの切実な願いはまたしても踏みにじられることとなります。

日米両政府は返還合意の裏で、返還後も米軍にそれまでと変わらない基地の自由使用を認め、有事の際にはいつでも沖縄に核兵器を再配備できるという密約を交わしていたのです。結局、復帰にともない返還された基地は那覇空港などごく一部にとどまり、返還後に自衛隊が配備されたところもありました。復帰直後、沖縄の米軍基地の面積は約2万8000ヘクタールでしたが、今日でも約2万2500ヘクタールが残されています。

一方、本土の米軍基地は、沖縄返還の翌年に日米で合意されたいわゆる「関東計画」(関東の人口密集地にある米軍基地の機能を郊外の横田基地に整理・統合する計画)により6つの基地が返還されるなどして、大幅に削減されました。日米両政府は本土での安保の「不可視化」をさらに進めたのです。沖縄返還当時約1万9500ヘクタールあった本土の米軍基地は、今日では約8000ヘクタールにまで減っています。

こうして「国土面積のわずか0・6%にすぎない沖縄に、在日米軍専用施設・区域の約74%が集中する」という、現在の状況がつくられたのです。このように、沖縄に米軍基地が過度に集中するようになった背景には、日米両政府が日米安保体制を維持するために、本土では基地を削減し安保の「不可視化」を進めながら、沖縄にその負担を押しつけてきた歴史があります。

一方、沖縄の人びとの強力な抵抗に直面した米国政府や米軍が、これまでたびたび海兵隊の沖縄撤退案を内部で検討していたことも、機密解除された米側の公文書などで明らかになっています。これは、米国にとって軍事的には「絶対沖縄でなければいけない理由」がないことを示しています。海兵隊の沖縄撤退案が浮上するたびに引き止めてきたのは、日本政府でした。逆に言えば、日本政府のスタンスを変えることができれば、沖縄の米軍基地の大幅削減は可能なのです。

参考文献
NHK取材班『基地はなぜ沖縄に集中しているのか』NHK出版、2011年
新原昭治『日米「密約」外交と人民のたたかい――米解禁文書から見る安保体制の裏側』新日本出版社、2011年
林博史『米軍基地の歴史――世界ネットワークの形成と展開』吉川弘文館、2011年

7

日米密約が隠そうとしたもの

梶原　渉

みなさんは、日本史の授業で、明治時代の日本が、近代国家として欧米諸国の仲間入りを果たそうと、不平等条約の解消に取り組んだことを学んだことでしょう。主権国家どうしの関係は、対等平等なものであるべきだというのが、現在の国際社会の規範のひとつであり、平和と友好の基礎でもあります（「友好関係原則宣言」1970年10月24日に国連総会で採択、を参照）。

さらに、帝国主義列強が結んできた密約が世界大戦の背景にあったことや、知る権利が基本的人権のひとつとして重要となったことから、政府の専権事項とされてきた外交や安全保障も国民のものであり、情報の公開を原則とすべきだという考え方が、世界の大きな流れとしてあります。戦後日本は、自由と民主主義を掲げるアメリカと、はたしてこのような関係をもつことはできたのでしょうか。

不平等で非民主的な日米安保体制のスタート

アメリカは戦勝と占領で得た特権を保つため、日本と安全保障条約を結びました。条約の運用にかかわるさまざまなことがら――駐日米軍基地の設置・使用・費用負担・撤去《てっきょ》、米兵の権利や地位など――をめぐっては、日米行政協定で詳細が定められています（PartⅡ・5参照）。この行政協定は、日本に多くの義務や負担を課すものであるにもかかわらず、日米両国の行政当局だけで決められました。本当は、国家どうしの法的な権利義務関係を発生させる約束は、条約として、当事国の国会承認をへるのが普通です。

日米関係の対等化がうたわれた1960年の安保改定では、この行政協定は改定され、条約のひとつとして国会で承認されました。しかし、全土基地方式をはじめとする不平等な内容はまったく改められませんでした。それだけではなく、以下に述べるようなさまざまな密約が、日米安保体制をアメリカにとって都合よく運用できるためにつくられました。これらも含めてはじめて、日米安保体制や日米関係の本当の姿がみえてきます。

なぜ米兵犯罪が相次ぐのか?――裁判権放棄密約

もし罪を犯《おか》せば、たとえ外国人であったとしても、出身国ではなく自分がまさにいるその国の法律に従い、その国の裁判所で裁判を受けることになります（国際条約で外交特権が認められている外交官などは必ずしもこの原則にあたりません）。

在日米軍関係者（兵士、軍属およびその家族）による犯罪も、基本的にこの原則に従うことになっています。特に、「公務外」の犯罪については日本が第一次裁判権を有すると明記されています（日米地位協定第17条第3項）。ところが、旧行政協定第17条（刑事裁判権）では、日本の当局が米軍関係者を逮捕してもすぐ米軍に引き渡さなければなりませんでした。

表　2001〜08年の合衆国軍隊構成員等による犯罪の主な罪名別起訴・不起訴人員数および日本国内一般との起訴率の比較

罪　名	米兵らの起訴人員数	米兵らの不起訴人員数	米兵らの起訴率	日本国内における一般の起訴率
公務執行妨害	0	10	0%	54%
住居侵入	17	78	18%	51%
強制わいせつ	2	17	11%	58%
強姦	8	23	26%	62%
殺人	3	1	75%	58%
傷害・暴行	64	174	27%	58%
窃盗	37	474	7%	45%
強盗	33	13	72%	81%
詐欺	0	39	0%	67%
横領	0	36	0%	16%
自動車等による業務上過失致死傷	427	2140	17%	11%
道路交通法違反	1889	249	88%	82%
犯罪全体	2692	3655	42%	46%
自動車による過失致死傷と道路交通法違反をのぞく犯罪全体	376	1266	23%	54%

（注）起訴率は，小数点以下四捨五入，米兵らについては「合衆国軍隊構成員等犯罪事件人員調」，一般については法務省の検察統計による。
（出典）布施祐仁『日米密約——裁かれない米兵犯罪』岩波書店，2010年。

この旧行政協定第17条を現行の地位協定第17条に改定する際に結ばれたのが、裁判権放棄密約です。１９５３年10月28日、日米合同委員会裁判権小委員会の場で、「日本にとっていちじるしく重要と考えられる事例以外」について第一次裁判権を放棄すると日本の代表が表明し、これが非公開議事録として残されました。行政協定第17条の改定をアメリカが合意したのは、この密約があったからです。

裁判権放棄密約は、いまも有効だと言えます。布施祐仁《ふせゆうじん》氏の調査では、２００１年から08年にかけての米軍犯罪の起訴率が、日本のそれと比較して異様に低いことが明らかになっています（表参照）。米軍犯罪が世界で一番多く発生しているのは日本ですが、その背景にはこのような米軍犯罪を裁かないしくみがあることは明白でしょう。

被爆国日本の国是《こくぜ》が骨抜きに——核持ち込み密約

いまの日米安保条約を結ぶ際、対等な日米関係にすると日本政府がうたったのが、第6条の事前協議制度です（PartⅡ・5参照）。

広島と長崎に原爆を投下され、ビキニ被災で水爆の脅威《きょうい》を目の当たりにした日本の国民感情としては、核兵器の持ち込みへの反発が強かったのです。60年安保改定の際、岸首相とアメリカのハーター国務長官との交換公文で、核兵器の持ち込みを事前協議の対象に加えたと歴代政権も日本の外務省も説明してきました。かつ、非核三原則のなかに「持ち込ませず」がはいっています。しかし、実際には、日本に核兵器を持ち込むことは、事前協議の対象にはしないという密約が交わされていました。

１９６０年1月、マッカーサー駐日アメリカ大使と藤山愛一郎《ふじやまあいいちろう》外相との間に、アメリカの軍用機の飛来や艦船の寄港は事前協議の対象にしないとの合意が交わされていたのです。マッカーサー大使がアメリカ本国に送った報告公電がアメリカの公文書館で公開されています。

これが核持ち込み密約ですが、すでにアメリカが行っていた核持ち込みを安保改定後も保障するためのものでした。朝鮮戦争時、１９５３年に、核爆弾を積んだ空母「オリスカニ」が横須賀《よこすか》に寄港しています。核兵器をめぐる米軍の行動の自由を担保《たんぽ》することが目的だったのです。

復帰しても沖縄がアメリカの意のままに——沖縄をめぐる密約

１９７２年に日本へ復帰するまで、沖縄はアメリカの統治下にあり、ベトナム戦争などアメリカがアジアで行った戦争の拠点とされました。米空軍の嘉手納《かでな》基地には、最大で約１０００発の核兵器が配備されていたことがわかっています。

沖縄返還交渉に際して米国がねらいとしたのは、米軍の核配備を継続し、米軍の行動の自由をひきつづき確保することと、返還に必要な費用負担をなるべく日本にさせることでした。「核抜き本土並み」の復帰が沖縄県民の願いでしたが、それを裏切るかたちで交渉が進められたのです。

核持ち込みにかかわる交渉にあたったのは、日本の外務省の担当者ではなく、佐藤栄作《さとうえいさく》首相から密使と任命された若泉敬《わかいずみけい》氏でした。日米安保体制を重視する「現実主義派」の国際政治学者だった若泉氏は、1969年にニクソン大統領との間で核持ち込みに合意したと、1994年に発表した『他策ナカリシヲ信ゼムト欲ス』(文藝春秋)で密約の存在を明らかにしました。沖縄返還交渉のアメリカ側の担当官だったモートン・ハルペリンも沖縄への核持ち込み密約が「確かに存在しており、今も有効」と証言しています(『しんぶん赤旗』2014年9月22日付)。

沖縄返還にあたっての費用負担は、返還協定で、日本がアメリカに3億2000万ドルを支払うことが決められました。1971年、毎日新聞の記者だった西山太吉《にしやまたきち》氏が、本来はアメリカが負担すべき土地の原状回復費用400万ドルを日本が支払うことと決められているとスクープしました(西山事件)。日本政府は密約の存在を、米公文書館で写しがみられるようになってからも拒否しつづけ、民主党政権になって2010年3月に発表した日米密約にかかわる調査結果で、ようやく認めました。

密約を必要としない日米関係と平和外交を

日米間の密約はこれだけではありません。朝鮮半島有事の際の核持ち込みに関する密約や、米軍と自衛隊の指揮権にかかわる密約などの存在が、さまざまな研究によって指摘されています。今後、アメリカの公文書の公開が進めば、より明らかになることも出てくるでしょう。

なぜ、これほどの密約が、日米関係では必要とされたのでしょうか。戦勝と占領で得たアメリカの「特権」

を維持し、米軍の自由な活動を最大限保障するねらいがあったのは確かです。しかし、たとえば、北大西洋条約機構（ＮＡＴＯ）諸国のように、アメリカの核兵器を堂々と配備する手段も存在していました。事実、２０１５年１月に共同通信の報道で、１９５０年代に自衛隊がアメリカとの核兵器共有を検討していたことが明らかになっています。

日米密約は、対等平等な日米関係という建前《たてまえ》の裏にある、両国政府の本音を示していると言えます。アメリカは、自国軍の自由な活動を保証したい、日本はアメリカに追随《ついずい》する姿を国民に知られたくない、というものです。日米地位協定の運用は、同協定にもとづく日米合同委員会で決められています。議事録は非公開です。

このような密約とセットである日米安保体制は、日本国民の安全を守るためのものだとは言えません。日米関係の隠蔽《いんぺい》体質は、特定秘密保護法の施行によってさらに強まる危険性があります。安保法制の審議《しんぎ》の過程でも、自衛隊と米軍のトップが、安保法制制定を前提とした協議をしていたことが暴露《ばくろ》されました（コラム１参照）。安倍政権による「戦争する国づくり」を止めることとあわせて、日米密約の全貌《ぜんぼう》を明らかにし、密約を必要としない、アメリカの軍事戦略に追随しない、日本独自の平和外交が必要です。

参考文献

太田昌克『日米〈核〉同盟――原爆、核の傘、フクシマ』岩波新書、２０１４年
新原昭治『日米「密約」外交と人民のたたかい――米解禁文書から見る安保体制の裏側』新日本出版社、２０１１年
西山太吉『沖縄密約――「情報犯罪」と日米同盟』岩波新書、２００７年
布施祐仁『日米密約――裁かれない米兵犯罪』岩波書店、２０１０年

8 「戦力をもたない日本」にある自衛隊の不思議

麻生多聞

警察予備隊の創設

憲法9条の戦争放棄・軍備不保持規定は、実質的にはアメリカの「押しつけ」というかたちで発案されたものでした（古関彰一『平和憲法の深層』ちくま新書、2015、55頁参照）。しかし、1950年6月に勃発《ぼっぱつ》した朝鮮戦争により、在日米陸軍4個師団が朝鮮半島に動員され、アメリカ軍を朝鮮に派遣したために日本に軍隊がいっさい存在しない「軍事的空白」が生じました。これによる国内の治安上の不備を補うため、そして共産陣営からの侵略を防ぐために、米陸軍省の指示にもとづくポツダム政令第260号（警察予備隊令）が発せられ、1950年8月に警察予備隊が創設されました。

創設を指令した「日本警察力の増強に関する書簡」（「マッカーサー書簡」）では警察予備隊は国内治安対策のための警察部隊とされていました。しかし、米極東《きょくとう》軍第8軍司令部戦史室による『日本警察予備隊史』には、警察という用語を用いることにより軍事力という実質を偽装するという意図があったと書かれています（Office of the Military History Officer HQ AFFE/Eighth Army, *History of The National Police Reserve of Japan*, 1955, pp. 41–44）。

１９４９年に中華人民共和国が成立し、朝鮮戦争で１９５０年6月25日に北朝鮮軍が北緯38度線を越えたことは、共産圏との冷戦に直面するアメリカにとって対日占領政策の抜本《ばっぽん》的転換をうながすほどの大事件だったのです。日本の再軍備は、その出発点において、国民的な合意にもとづき行われたものではなく、アジア情勢の変化をふまえたアメリカの対日占領政策が転換し、その都合によってポツダム政令というかたちの超法規的力により押しつけられたものでした。このように再軍備を押しつけたアメリカの最大の目的は、日本の防衛よりもむしろアメリカ軍事戦略の補完にありました。対日占領政策は「非軍事化」から「反共の防波堤」に転換され、日本を米国のアジア戦略に編入するという動きが強められていきます。

このような動きに対し、日本社会党中央執行委員長・鈴木茂三郎《もさぶろう》により警察予備隊違憲確認訴訟が提起されますが、最高裁は警察予備隊の違憲性については判断をしないまま、国民の具体的な権利侵害と無関係に法令の違憲審査を行うことはできないとして訴訟を却下しました（１９５２年10月8日）。

保安隊、そして自衛隊へ

１９５２年サンフランシスコ講和条約発効により独立を回復した日本では、ポツダム政令等の管理法令は効力を失うこととなり、同年8月に保安庁法が施行されました。警察予備隊は保安庁管轄《かんかつ》の保安隊へ改編され、同年4月に海上保安庁に設置されていた海上警備隊も保安庁管轄の警備隊へと改編されます。保安庁法は、保安隊・警備隊の目的を「わが国の平和と秩序を維持し、人命および財産を保護するため、特別の必要がある場合において行動し、あわせて海上における救難を行う」と定めており、警察予備隊より国家防衛色が強まっていることがわかります。この経緯も、ソ連との冷戦が進むなかでアメリカが指導したものでした。

憲法9条のもとでこのような保安隊の保持を正当化するために、政府は、憲法9条2項が放棄する「戦力」とは近代戦争遂行能力を意味するものであり、これに該当《がいとう》しない実力は「戦力」ではなく、その保有は合憲である、という解釈を示すことになります（1952年政府統一見解）。

1954年、日米相互防衛援助協定（MSA協定）が締結《ていけつ》されました。日本は防衛力増強の法的義務を負うこととなり、同年、防衛庁設置法と自衛隊法（防衛二法）が制定され、保安隊と警備隊は防衛庁管轄の自衛隊へと改組されました。陸上、海上、航空の3組織からなる自衛隊の目的は、「わが国の平和と独立を守り、国の安全を保つため、直接侵略及び間接侵略に対しわが国を防衛することを主たる任務とし、必要に応じ、公共の秩序の維持にあたる」（安保法制成立前の自衛隊法3条1項）ことです。

自衛隊が創設されたことにより、「近代戦争遂行能力に至らない実力保持は合憲」という1952年政府統一見解ではその正当化が困難となりました。そのため、「9条1項は独立国家に固有の自衛権までも否定する趣旨のものではなく、自衛のための必要最小限度の武力を行使することは認められている。したがって、自衛目的のため必要相当な範囲の実力部隊を設けることは、何ら憲法に違反するものではない」（1954年衆議院予算委員会、大村防衛庁長官）という1954年政府統一見解が示されることになります。9条2項が保持を禁ずる「戦力」の意味は、「近代戦争遂行能力を持つ実力」から「自衛のための必要最小限度を超える実力」へと変更されました（自衛戦力合憲論）。

この自衛戦力合憲論は、支配層にとっては「打出《うちで》の小槌《こづち》」のようなものであり、多数の近代的装備が導入されていきます。あげくの果てには、「自衛の範囲内であれば核兵器の保有も可能」（1957年5月7日参議院内閣委員会、岸首相）とまで発言されることになります。自衛権行使の範囲についても、「自衛のため敵基地に対し最小限度の爆撃を加えることはありうる」（1956年2月27日衆議院内閣委員会、船田《ふなだ》防衛庁長官）、「誘導弾などによる攻撃を受けてこれを防御する手段が他に全くないという場合、敵基地を叩《たた》くことも自衛権の範囲に入る」（1959年3月19日衆議院内閣委員会、伊能《いのう》防衛庁長官）などという見解が保守支配層から示されていきます。

「小国主義」と自衛隊

しかしながら、実際には、「専守防衛論《せんしゅぼうえい》」「非核三原則」「武器輸出三原則」「防衛費GNP1％枠」などの制約が自衛隊に課せられることになります。経済的に発展して大国化をとげる国は、政治的にも、軍事的にも大国化しようとする傾向がありますが、戦後日本は軍事に関しては小さな国＝「小国主義」としての歩みを続けました。このような制約は、保守支配層が能動的に規定したものではなく、憲法9条をふまえれば自衛隊は違憲であるという見解が有力でありつづけたことによるものでした。

戦後憲法学をリードしてきた芦部信喜《あしべのぶよし》氏によれば、9条2項により自衛戦争も含めたすべての戦争が放棄されているという見解が、憲法学の通説の地位を占めてきたとされています（芦部信喜『憲法第6版』岩波書店、2014年、第4章参照）。そもそも日本国憲法が依拠している立憲主義という考え方は、個人の自由に対する最強・最大の抑圧主体でありつづけてきた国家権力を憲法によって拘束・制限する必要があるとするものです（憲法の制限規範性）。これは正確には近代立憲主義と言われますが、18世紀末の近代市民革命以降に確立された考え方であり、「憲法を立てることによって国家権力を拘束し、国民の人権を保障しようとする」ものです。日本国憲法と同じくアメリカ合衆国憲法やドイツ連邦共和国基本法、大韓民国憲法など、先進国の大部分がもつ憲法はこの立憲主義に立脚するものです。立憲主義型の憲法のもとでは、国家権力は憲法典に明文で規定されている権限しか行使することはできません（憲法の授権規範性《じゅけんきはんせい》）。立法権・行政権・司法権といった権限は、すべて憲法で明確に授権された国家権力です。国家が行使できるのは、憲法制定権力としての国民が憲法をつうじて明示的に授権した権限のみであり、国民が認めていない権力を国家権力は行使することができません。アメリカでは憲法2条に大統領の軍司令権、ドイツでは基本法65a条に連邦国防大臣による軍指揮権、イタリアでは憲法87条9項に大統領の軍隊統帥権《とうすいけん》、韓国では憲法74条に大統領の統帥権が、それぞれ明記されています。大日本帝国憲法でも、11条に天皇の陸海軍統帥権が規定されていました。これらの憲法とは対照的に、日本国憲法には、戦争をめぐるこうした規定がいっさい存在しません。もし自衛のための戦争が許されているとするならば、国家権力のなかでももっとも大きな影響を内外におよぼす戦争権限の行使に関する規定が憲法上存在しないことは立憲国家では考えられないことです。憲法上、明文の根拠をもたない「権力」の行使を国家に対して認めることは、近代立憲主義の中核概念に反します。宣戦・講和・戒厳《かいげん》・統帥・編成についてのいっさいの規定が存在せず、軍法会議のような特別裁判所も憲法で否定されていることは、日本国憲法がいっさいの戦争を放棄したことの消極的証明であると考えられているのです。

このような見解を基盤とした革新側、平和運動側の運動と保守支配層が対立するなかで、政府は「小国主義」的政策をとらざるをえない状態に追いこまれたと言うことができます。

自衛隊の現在

しかし、現在の自衛隊は、世界有数の軍事力となりました。世界各国における軍事費（２０１４年）をみてみると、上位10か国は、１位アメリカ（６１００億ドル）、２位中国（２１６０億ドル）、３位ロシア（８４５億ドル）、4位サウジアラビア（８０８億ドル）、５位フランス（６２３億ドル）、６位イギリス（６０５億ドル）、７位インド（５００億ドル）、８位ドイツ（４６５億ドル）、９位日本（４５８億ドル）、10位韓国（３６７億ドル）となっています。

日本より上の8国は、サウジアラビアとドイツを除いてすべて核保有国である点に注目してください。核兵器は、維持費だけで膨大《ぼうだい》な費用を要しますが、核保有国ではない日本の軍事費が、核保有国と並んでいることがわかります。さらに、他国では軍人恩給費は軍事費に含められていますが、日本では防衛省予算に含められていません。このように高額な軍事費により組織される自衛隊は、「世界有数の軍事力」だと言えます。

さらに、自衛隊に課せられてきた専守防衛という制約も取り払われつつあります。１９９０年代になると、自衛隊は、紛争地域の平和維持・回復を目的として国際連合（国連）により組織される国連平和維持活動（ＰＫＯ）に参加するようになります。ＰＫＯは、停戦後に小規模・軽武装の多国籍軍を派遣し停戦監視や兵力の引き離し等に従事するものであり、国連による国際紛争の強制的な解決をはかるものではありませんが、専守防衛原則を遵守《じゅんしゅ》することによりその合憲性が主張されてきた自衛隊が海外で参加することは許されないと考えられてきました。しかし、１９９２年の「国際連合平和維持活動等に対する協力に関する法律」により自衛隊のＰＫＯ参加が可能となりました。

同法は制定以降、数回の重要な改正をへており、１９９８年改正により上官の命令による武器使用が、さらに２００１年改正により停戦・武装解除の監視等、武力行使をともなう平和維持部隊（ＰＫＦ）本体業務への従事が、それぞれ可能とされるにいたっています。

米国主導で２００３年3月に開始されたイラク戦争に対しては、日本政府は「イラク特別措置《そち》法（イラクにおける人道復興支援活動及び安全確保支援活動の実施に関する特別措置法）」を成立させ、12月に自衛隊本隊をイラク南部サマワに派遣しました。

東アジアにおける安全保障環境の変化や国民の意識変化をふまえ、現在の憲法学では個別的自衛権の保持までをも放棄したものとして憲法9条を把握する議論は下火になっています。政府見解において半世紀以上も維持されてきた「集団的自衛権は行使できない」という立場が安倍政権の閣議決定（2014年）により覆《くつがえ》されるにいたりました。集団的自衛権行使をめぐっては憲法学でも違憲であるという見解が大勢を占めており、世論調査でも集団的自衛権行使を枠づける安保関連法案に反対という意見が多くみられました。

PartⅠでもみたように、2014年閣議決定をふまえ、この内容を法律的に担保《たんぽ》するための安全保障関連法が2015年9月19日に成立し、9月30日に公布されました。安全保障関連法は公布から半年以内に施行されるため、自衛隊は、拡大する任務に対応できるよう、部隊行動基準の見直しに着手するなど、準備を本格化させています。具体的には、①集団的自衛権行使による米艦防護、②後方支援で給油や弾薬提供、③国連平和維持活動（PKO）で武装集団に襲われた国連要員らを助けに行く「駆けつけ警護」や治安維持などが任務に加わることになっています。他国どうしの戦争への参加を可能とする集団的自衛権の行使容認は、専守防衛政策という戦後日本が堅持《けんじ》してきた安全保障政策の歴史的転換です。歴代内閣は、現行憲法下では集団的自衛権を行使できないという解釈を維持してきました。行使を容認するためには、まず憲法改正を行うことが立憲主義の観点から求められるはずであり、そのような手続きを欠いた安全保障関連法の制定に対しては、憲法学から厳しい批判の声が向けられています。

参考文献
浦田一郎『自衛力論の論理と歴史――憲法解釈と憲法改正のあいだ』日本評論社、2012年
半田滋『日本は戦争をするのか――集団的自衛権と自衛隊』岩波新書、2014年
水島朝穂『ライブ講義　徹底分析！集団的自衛権』岩波書店、2015年

9 日本は本当に「平和国家」だったのか？

梶原 渉

「我が国は、戦後一貫して日本国憲法のもとで平和国家として歩んできた。専守防衛《せんしゅぼうえい》に徹し、他国に脅威《きょうい》を与えるような軍事大国とはならず、（中略）国際連合憲章を遵守《じゅんしゅ》しながら、国際社会や国際連合を始めとする国際機関と連携《れんけい》し、それらの活動に積極的に寄与して」いる。これは、２０１４年７月１日に安倍内閣が発表した、集団的自衛権行使を認めた閣議決定の冒頭に書かれている文章です。

一方、戦争法に反対する運動で、「平和国家」「平和ブランド」という言葉を耳にした人も多いと思います。戦後70年の歩みについてのこれまでの章をふまえて、「平和国家」としての日本について考えてみましょう。

戦後日本はどのように〝平和〟だったのか？

まず、そもそも、戦後の日本がどのように〝平和〟だったと言えるのでしょうか。日本が近代化してからの

表　日本が近代化して以降，東アジアで起きた主な戦争

年	戦争名	交戦国（□は主導国）
1894	日清戦争	清 vs. 日本 ⇒1985年，台湾は日本の植民地に
1894	清仏戦争	清 vs. フランス
1898	米西戦争	スペイン vs. アメリカ
1899	米比戦争	フィリピン vs. アメリカ
1900	義和団事件	清 vs. 日本，ロシア，イギリス，フランス，アメリカ，ドイツ，イタリア，オーストリア
1904	日露戦争	日本 vs. ロシア⇒1910年，朝鮮は日本の植民地に
1914～18	第一次世界大戦	日本はドイツの勢力圏だった山東半島に出兵
1919～22	シベリア出兵	日本 vs. ソ連
1927～28	第一次，第二次山東出兵	日本 vs. 中華民国
1931	満州事変	日本 vs. 中華民国
1937	日中戦争	日本 vs. 中華民国
1941～45	アジア・太平洋戦争	日本 vs. アメリカ，イギリスなど
1946～54	インドシナ戦争	フランス（アメリカ援助） vs. ベトナム
1950～53	朝鮮戦争	北朝鮮（中国，ソ連） vs. 韓国（アメリカなど国連軍）
1965～74	ベトナム戦争	アメリカ vs. ベトナム
1969	中ソ国境紛争	中国 vs. ソ連
1970	アメリカのカンボジア侵攻	アメリカ
1979	ベトナムのカンボジア侵攻	ベトナム

（出典）筆者作成。

東アジア（日本、朝鮮半島、中国と東南アジア）で起こった戦争をみてみると、それは一《いち》目瞭然《もくりょうぜん》です（表参照）。

日本は、日中戦争やアジア・太平洋戦争だけでなく、東アジアでの戦争の多くを引き起こし、台湾や朝鮮を植民地として支配しました。当時の東アジアにとって、日本は明らかに「他国に脅威を与えるような軍事大国」でした。日本国憲法9条は、このような日本を復活させないための現実的な手段としてつくられたのです。

戦後、東アジアでは冷戦を背景に戦争が相次ぎますが、日本は攻《せ》められもしませんで

したし、日本から攻めることもありませんでした。ただし、例外がないとは言えません。実は、朝鮮戦争において、戦後日本唯一の戦死者が生じています。海上保安庁に属していた「日本特別掃海隊《そうかい》」が、米軍の命令によって、韓国沿岸の機雷《きらい》の除去（掃海）にあたりました。戦死の事実が公《おおやけ》になったのは1979年のことでした。

なぜ〝平和〟だったのか？

日本がなぜ戦争に巻き込まれることがなかったのかについては大きく2つの議論があります。

ひとつめは、日本がアメリカと安全保障条約を結び、アメリカの核兵器を頂点とする抑止力《よくしりょく》で守られていたから攻められなかったというものです。この立場に立つと、日本の安全を守るためには、とにかくアメリカの抑止力を強めればいいので、アメリカの軍事戦略に協力すべきだということになります。歴代自民党政権は基本的にこの立場でしたし、安倍政権による「戦争する国づくり」も、この延長線上にあります。

2つめは、日本国憲法9条があったからだというものです。東アジアで1945年以降に起きた戦争をみると、軍事同盟で平和が守られてきたのかどうか疑わしい事例が多くあります。ベトナム戦争では、東南アジア条約機構（SEATO）にもとづいてフィリピン、タイ、オーストラリア、ニュージーランドが派兵、韓国は、アメリカによる自国防衛強化を引き出すべく最大で5万人派兵しましたが、戦争の泥沼化を止められず戦死者を出しただけでした。

これらの戦争の当事国となった国々と、日本とを分けるものは、憲法9条、特に戦力の不保持と交戦権の否認を定めたその第2項です。以下に述べるように、日米安保条約を結び、自衛隊ができたとしても、海外で戦争するしくみがなかったために、戦後の日本は戦争に巻き込まれなかったと言えます。「平和国家」と言われるものの中核はここにあります。

「平和国家」をつくりだした力

「平和国家」が確立したのは、日米安保改定後の高度経済成長期です。この間、一貫して自民党が政権を握ってきました。しかし、海外で戦争をしないという国家としてのあり方は、自民党政権が進んでつくったものでは決してありません。

戦後平和運動と60年安保闘争

自民党政権に「平和国家」をつくらせた最大の力は、戦後日本の平和運動です。「とにかく戦争はイヤだ、してはいけない」という声は戦争法案反対運動でも多く聞かれましたが、これは戦後日本の平和運動によってつくられてきました。

戦後のさまざまな世論調査結果をみると、日本社会の戦争や平和に関する意識の画期は、1950年代半ばにあると言えます。ちょうど自衛隊が発足したころです。この時期に、戦争に否定的な世論が肯定的な世論を上回り、護憲の世論が過半数を占めるようになりました。

このような意識は、護憲運動や再軍備反対運動だけによってつくられたものではありません。1950年代には、砂川《すながわ》や内灘《うちなだ》など、日本各地で米軍基地反対闘争が盛り上がっていました。さらに、1954年には、漁船「第五福竜丸」がビキニ環礁《かんしょう》でアメリカの水爆実験で被災したことをきっかけに、原水爆禁止を求める署名運動が起こり、55年8月までに当時の有権者の過半数を占める約3200万もの署名が集まりました。

1957年に首相となった岸信介《きしのぶすけ》に対して、A級戦犯の元容疑者だったことや日米安保改定を強引な手法で進めたことによって、広範な批判の声がわき起こりました。反民主的な政治手法によって、平和を守りたい人びとだけでなく、民主主義を守りたいとする人びとも反対運動に合流したのです。平和運動の担い手だった日本労働組合総評議会（総評《そうひょう》）が仲介《ちゅうかい》して、革新勢力だった社会党と共産党の共同が実現したことが、反対運動の広がりに寄与しました。1960年6月19日、改定安保条約は自然成立しますが、岸内閣は総辞職を余儀《よぎ》なくされます。次の池田勇人《いけだはやと》内閣は「任期中に憲法改正はしない」と政権発足にあたって宣言し、日本国憲法を前提にした外交安全保障政策をとるようになったのです。

このような平和運動とそれがつくりだした平和世論が、戦後一貫して保守政治への最大の圧力でしたし、戦争法案反対運動でもみられたように現在でも圧力となっています。

日米安保廃棄と自衛隊違憲論の意義

憲法9条にもとづき、日米安保条約と自衛隊が両方とも違憲だと強く主張されたことも、「平和国家」を実現させた力となりました(PartⅡ・8参照)。日本政府の9条解釈は、自民党政権のもと、自衛隊をめぐる国会答弁のなかでつくられてきたものです。右に述べた根強い平和意識を背景に、日米安保廃棄・自衛隊違憲・中立をとなえる革新政党(社会党、共産党、一時期は公明党)が国会の3分の1以上の議席を保ってきました。これらの政党が、自衛隊の装備や行動について繰り返し政府を追及するなかで、集団的自衛権が違憲であるとする政府見解も出されました。自衛隊違憲訴訟が相次いで提起され、自衛隊の実情が明らかにされ、違憲判決が出たことも重要です。

「平和国家」の実情

では、「平和国家」のもとで、どのような外交・安保政策がなされてきたのでしょうか。

日米安保体制の堅持

「平和国家」の大前提は、日米安保条約のもと、日本がアメリカの軍事戦略に組み込まれたことです。「全土基地方式」、つまり、日本におけるアメリカの自由な基地使用を保障することが日本政府の役割だったのです。

アメリカの軍事戦略に従ったため米国の戦争に、日本政府が反対したことは、いまにいたるまで一度もありません。次に述べるように、自衛隊にはさまざまな規制がかけられましたが、日本政府には当時の大国を中心とする世界秩序、つまり、「冷戦」を平和的な方向へ変える力は残念ながらありませんでした。そのかぎりでは、「平和国家」は、「一国平和主義」と言われてもしかたがないものではあったのです。

憲法9条の政府解釈と自衛隊への規制

政府の憲法9条解釈を根拠とする、「専守防衛」と言われる自衛隊に対するさまざまな規制についてはすでにみたとおりです（PartⅡ・8参照）。日米安保条約で定められた日米軍事協力の具体化がされたのは、安保改定から18年後、1978年の「日米防衛協力のための指針（ガイドライン）」においてでした。この段階では、日本に対する武力攻撃についての協力が定められ、その場合であっても自衛隊を日本の領域外に出さず、後方支援は日米がそれぞれ独自に行うことになっていました。

憲法9条を具体化するような政策

「平和国家」の中核をなす政策も、保守政治のもとで不十分なかたちではあれ、この時期につくられました。代表的なのは、非核三原則と武器輸出三原則（詳細はコラム2参照）の2つです。

非核三原則は、ビキニ被災後の原水爆禁止運動によってつくられた広範な反核世論を背景に、1967年に当時の佐藤栄作《さとうえいさく》首相が「核は保有しない、核は製造もしない、核を持ち込まないというこの核に対する三原則」と答弁したのが最初です。核持ち込み密約の存在によって三番目の原則がないがしろにされてきたものの、非核「神戸《こうべ》方式」（神戸港にはいる艦船に核兵器を積んでいないという証明書を求めるもの。1975年の神戸市会決議にもとづく措置《そち》）のように、市民や自治体による平和施策のよりどころになっています。

「平和国家」が果たせなかったこと

沖縄への困難集中の解決

このような「平和国家」に属することができなかったのが沖縄です。戦後、米軍の直接統治下におかれ、サンフランシスコ講和条約によって本土から切り離された結果、沖縄の人びとの自治権はうばわれました。大量に集中した米軍基地が、アメリカの戦争の出撃基地として使われたため、沖縄は戦争の危険と隣り合わせでした（PartⅠ・4、PartⅡ・6参照）。

こうしたなかでも、沖縄県民による本土復帰運動の背景にあったのが、平和憲法のある日本への期待だったことをわたしたちは重く受けとめる必要があります。本土の課題として、日米安保体制を克服し、平和憲法を実現する政治をつくらなければならないということです。

植民地支配と侵略戦争への反省と謝罪

日本が独立を回復することとなったサンフランシスコ講和条約が敗戦国日本にとって「寛大」だったことはすでにみました（PartⅡ・4参照）。植民地として支配した韓国とは1965年に国交を回復し、侵略した中国とは1978年になって平和条約を結びましたが、これらにおいては、サンフランシスコ講和条約での賠償《ばいしょう》責任のあり方が踏襲《とうしゅう》され植民地支配と侵略の被害者の声はふまえられませんでした。「河野談話」や「村山談話」が出されたのは、アジアの民主化が進み、冷戦が終わってからのことでした（PartⅢ・3参照）。

世界平和への貢献

冷戦時代、世界平和を実現することが期待された国連は、米ソ両国が安全保障理事会で拒否権を行使しあったことによってうまく機能しませんでした。かわりに、国連総会において圧倒的多数を占めていた第三世界の国々が中心となって、核兵器使用禁止・廃絶、全面完全軍縮などの議論をリードしました。アメリカによる戦争に対する非難決議も、国連総会で多数採択されてきました。

国連総会での平和のイニシアティブに、日本政府は消極的な態度をとりつづけています。１９６１年以降、断続的に、核兵器使用禁止決議が採択されてきました。日本政府が賛成したのは最初の1回だけで、あとは棄権しています。アメリカの戦争への非難決議にも賛成したことはありません。アメリカの意に背《そむ》かない投票行動に終始しているのです。

安倍政権による「戦争する国づくり」において、「平和国家」の重要な要素だった自衛隊への規制が取り払われ、武器輸出三原則は破棄されました。アメリカの世界戦略に追随《ついずい》していたためにこれまでの「平和国家」が果たせなかった課題も、不問に付されようとしています。戦争法廃止など「戦争する国づくり」を止めることだけでなく、今後は、真に憲法９条を実現する政治が求められています。

参考文献
河辺一郎『国連と日本』岩波新書、１９９４年
日高六郎編『１９６０年5月19日』岩波新書、１９６０年
和田進『戦後日本の平和意識――暮らしの中の日本国憲法』青木書店、１９９７年
渡辺治『憲法9条と25条――その力と可能性』かもがわ出版、２００９年

10 グローバル化で大きく変わった日本の安全保障

梶原 渉

冷戦体制の終焉《しゅうえん》を画期として、日本の外交・安全保障政策は大きく変わりました。戦争法や特定秘密保護法など、「戦争する国づくり」に関係する動きにしぼって、その過程をたどってみましょう。

冷戦体制の終焉とグローバリゼーション

ソ連など社会主義圏が崩壊して冷戦体制が終わったことは画期的でした。政治的・軍事的に対立していた陣営の片方がなくなったことで、世界規模での軍事衝突《しょうとつ》の可能性が大きく減ったことは確かだからです。ソ連や東欧諸国は資本主義化し、中国も社会主義体制を維持しつつ市場経済の導入を本格的に進めるようになりました。国家主導の開発主義的な経済政策をとっていた「第三世界」の国々の多くも、国営企業の民営化など市場化を進めました。世界における市場経済の規模が一気に拡大し、貿易や投資などをとおして、国どうしの経済的な結びつきが強まりました。ヒトやモノやカネが、経済活動をとおして、国境を越えて本格的に地球規模で動き回れるようになりました。このことをグローバリゼーションと言います。

こうしたことを受けて、東西冷戦の終了は世界平和の到来を意味するといった楽観的な議論が、1990年代初頭の日本では支配的でした。冷戦の〝勝者〟だったアメリカでも、ソ連という敵がいなくなったのだから、世界中に展開している軍隊を本国へ引き揚げてもいいのではないかという風潮が強まりました。

しかし、歴史はこういった楽観どおりには進みませんでした。平和が訪れたわけではなかったのです。1990年8月、イラクが隣国のクウェートに侵攻したことに対して国連安全保障理事会は武力行使を決議し、アメリカを中心とする多国籍軍が反撃します（湾岸《わんがん》戦争）。湾岸戦争は、あとで述べるように、日本の外交・安全保障政策の転換に大きな影響を与えました。湾岸戦争ののちも、ソマリア、旧ユーゴスラヴィアで地域紛争が続発し、紛争を抑えるためにアメリカなどの先進国による軍事介入が行われました。

なぜ、平和が訪れなかったのでしょうか。個々の武力紛争にはそれぞれさまざまな要因がありますが、グローバリゼーションによって、世界規模で経済的な不平等が拡大したことが共通の背景としてあげられます。グローバリゼーションの主役である先進国の多国籍企業は、自分の国の政府の外交・安保政策に大きな影響をおよぼします（コラム4参照）。こうして、冷戦後あらたにできた、やはり大国中心の世界秩序においては、冷戦終了以降も社会主義体制を維持する北朝鮮や、地域的な覇権《はけん》を求める（求めていた）イラクやイラン、市場経済を思想的に受け入れないイスラム原理主義など、これに反発する勢力を生みださざるをえません。

グローバリゼーションが、冷戦時にアメリカが築き上げた軍事同盟の役割を変えました。多国籍企業が活動する自由な市場秩序を維持し、それに刃向かう勢力を抑え込むことが、アメリカやその同盟国の軍事力の任務となったのです。冷戦終了以降の戦争は、湾岸戦争から「イスラム国（IS）」への空爆にいたるまで、大国の共同による地域紛争への介入が多くを占めています。ソ連という冷戦期の〝脅威《きょうい》〟とされた存在がなくなってもなお、軍事同盟が残っている理由は、ここにあります。

日米安保体制の変貌《へんぼう》と、海外で戦争できる国づくり

日米安保条約を結ぶ日本は、こうした世界の流れに沿うようになりました。アメリカや他の先進国とともに、世界規模で先進国中心の秩序維持にあたることをめざしてきたのです。具体的には、自衛隊を海外に出さず、海外で武力行使を行わない、戦後の「平和国家」のあり方が段階的に変えられていきます。

第一段階——自衛隊海外派兵体制の構築

この過程は、およそ3つの段階に分けられます。第一段階は、湾岸戦争から1999年の周辺事態法制定までです。この時期の特徴は、とにかく自衛隊を日本の領域外に送る体制をつくることでした。湾岸戦争で日本は、90億ドルの支援を多国籍軍に行いました。しかし、「イラクのような国は全世界の平和にとって脅威なのに、それを取り除くためのヒトを出さずにカネだけしか出さないのは問題だ」という議論が、日本の財界や自民党の一部の政治家から出されます。これを背景に、1992年にPKO協力法ができ、自衛隊が海外に送られる体制づくりが始まりました。

冷戦終了後、軍事同盟の役割が変わるなか、日米安保体制をそれに見合うように変える動きが出ます。具体的には、①東アジアにおいてアメリカ軍の規模は維持し、アジア・太平洋における武力紛争に対応できるようにする、②そのために、同盟国、特に日本の協力を得られるようにすべく、日米安保条約の適用範囲を極東《きょくとう》だけでなくアジア・太平洋に拡大し、アメリカの武力行使を日本が支援する体制をつくる、というものでした。

これは、1996年の日米安保共同宣言と97年ガイドラインに結実し、その日本での具体化として、周辺事

態法が1999年にできました。周辺事態法では、アジア・太平洋地域におけるアメリカの戦争（想定されていたのは朝鮮半島有事）にあたって、①日本の領域内と戦闘が行われていない公海上（後方地域）において、アメリカ軍に対して、②戦闘行動とは一体ではない行動に対して支援を行うとされました。アメリカ軍による、日本を守るためではない武力行使に対して、日本が支援する体制がはじめてつくられたのです。

第二段階――日米同盟の深化と改憲論の隆盛

第二段階は、周辺事態法制定直後から、2004年のイラクへの自衛隊派兵までです。周辺事態法では、日本が米軍に対してできる支援にさまざまな制約がありました。法案審議の過程で、中東には自衛隊を送れず、地理的な制約があることは政府も認めざるをえませんでした。アメリカ軍を支援するために重要な、日本の地方自治体や民間企業を強制的に動員する体制もつくれませんでした。

そのため、むしろ、アメリカからの軍事分担要求が、周辺事態法ができてから大きくなったのです。2000年、アメリカの二大政党である共和党と民主党の対日政策のブレーンたちが、政策提言（「米国と日本――成熟したパートナーシップに向けて」、別名第一次アーミテージ報告）を発表します。ここでは、集団的自衛権行使の容認、軍事機密保護法制の整備など、第二次安倍政権以降実現された政策がすでに求められていました。また、多国籍化した日本の財界も、同じような要求を掲げた政策提言を発表しています。

このようなアメリカや日本の財界からの圧力もあり、2000年以降、主要政党や大新聞、経済団体からの改憲案が相次ぎます。そのすべてに共通していたのは、日本国憲法第9条を変えて、自衛隊を海外に派兵することでした。

ただし、明文改憲はハードルが高く、時間がかかります。さらに、2001年9月11日に起きたアメリカ同時多発テロによって、日本政府は対テロ戦争への支援を求められました。時限立法としてテロ対策特別措置《そち》法をつくり、特別措置法という枠内ではあれ、自衛隊の活動領域の限界を突破したのです。２００３年３月のイラク戦争時には、イラク復興支援特別措置法がつくられ、自衛隊の地上部隊が海外に出向くこととなったのです。自衛隊の海外派兵体制を強化するための、在日米軍基地の再編も進められました。

また、周辺事態法ではできないとされた、地方自治体や民間企業の動員体制もこの時期につくられました。２００４年、憲法９条のもとではつくれないとされた有事法制が整備されます。有事法制では、武力攻撃が起きた事態や、明白な武力攻撃の危険があるとされる事態だけではなく、「武力攻撃事態には至っていないが、事態が緊迫《きんぱく》し、武力攻撃が予測されるに至った事態」つまり「武力攻撃予測事態」も「有事」とされました。こうすることで、他国からの武力攻撃を受ける以前の段階でアメリカの要請によって自衛隊による後方支援が可能になりました。

これらの政策は、憲法９条の既存の政府解釈を変えることなく行われました。いくら自衛隊を海外に送れるようになったとはいえ、集団的自衛権が行使できないために、自衛隊は海外で武力行使できず、武力行使と一体となった支援もできませんでした。イラク派兵は、その限界をあらためて示したのです。明文改憲でこの限界を突破するため、２００６年に登場したのが、第一次安倍政権でした。

第三段階――明文改憲の挫折《ざせつ》と「戦争する国づくり」の完成へ

ところが、第一次安倍政権は２００７年の参院選で自公与党が大敗したことによって退陣を余儀《よぎ》なくされました。明文改憲はいったん、挫折に追い込まれたのです。その最大の力は、憲法９条を守るべきだとした世論でした。自衛隊がイラクにまで派兵されるにいたって、自衛隊の存在は認めるが、それを海外に派兵するのは反対だという声も、９条改正反対の世論となったのです（図参照）。こうした声を形にしたのが２００４年６月に大江健三郎《おおえけんざぶろう》さんら９名の呼びかけで始まった「九条の会」でした。

図　改憲世論調査（読売）の結果と全国の九条の会結成状況の推移

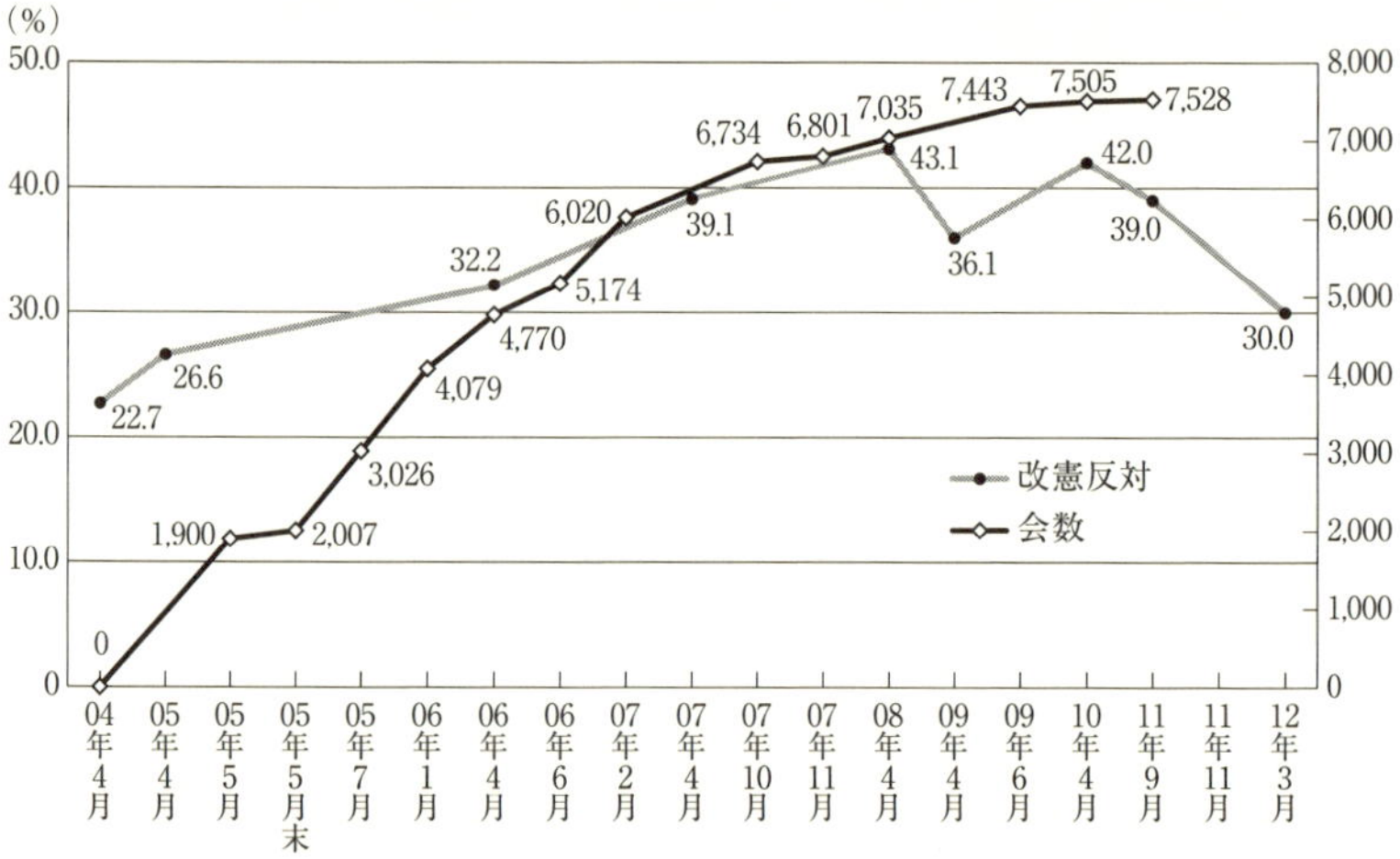

（出典）東京自治問題研究所・川上哲研究員より提供。

第一次安倍政権以降は短命政権が続き、改憲どころではなくなりました。２００９年8月の総選挙では自民党から民主党へ政権が交代し、改憲は政治課題からはずれました。沖縄・辺野古《へのこ》への新基地建設をめぐって鳩山《はとやま》内閣が総辞職してからは、ふたたび短命政権が続き、軍事大国化の動きは進みませんでした。

しかし、アメリカや財界の軍事大国化要求が収まらなかったわけではありません。民主党政権期にも、集団的自衛権行使の容認や秘密保護法の整備を求める政府審議会の報告が出されていました。このような要求を完成させるために登場したのが、第二次安倍政権でした。

PartⅠで、第二次安倍政権以降の外交・安保政策については述べているのでここでは繰り返しません。ただ、第二・三次安倍政権が、特定秘密保護法や戦争法にみられるような強行採決や、閣議決定という立憲主義に反する方法で集団的自衛権行使を容認したのは、第一次安倍政権での明文改憲が挫折した教訓《きょうくん》を、くみ取っているからです。明文ではなく解釈改憲を優先させたのは、その象徴です。

安倍政権が戦争法を強行したことで、「戦争する国づくり」は完成に近づいていると言えます。残っているのは、①軍法や軍事裁判所を設けて命令にそむいた自衛隊員を罰すること、②戦死した自衛隊員を顕彰《けんしょう》するための公的施設を設けるべく、政治と宗教（靖国神社）の関係を改めること、③自衛隊を文字どおりの「軍」にし、他の先進国のように交戦権を認めること、くらいでしょう。これらは、日本国憲法そのものの改正をへなければできないことであり、安倍政権は２０１６年の参院選後にそれをねらっています。

ですから、戦争法を廃止し、明文改憲を阻《はば》まなければ、「戦争する国づくり」にかわる平和な日本はつくれません。すでに「野党はがんばれ」「野党は共闘《きょうとう》」が戦争法廃止運動のスローガンになりつつあるように、安倍政権にかわる新しい政治をつくらなければならないのです。安倍政権が倒れたあとにできる政権がなんであれ、世界と日本の平和と安全に貢献《こうけん》するような政治を、わたしたちは求めていく必要があります。そのためには、デモや抗議行動など、特定秘密保護法や戦争法に反対する運動の力をバージョンアップしなければなりません。ＰａｒｔⅢでは、わたしたちの平和と安全を実現する道を考えてみましょう。

参考文献

浅井基文『新保守主義――小沢新党は日本をどこへ導くのか』柏書房、１９９３年
梅林宏道『米軍再編――その狙いとは』岩波ブックレット、２００６年
渡辺治・後藤道夫編『「新しい戦争」の時代と日本（講座　戦争と現代１）』大月書店、２００３年
渡辺治編『憲法改正問題資料』旬報社、２０１５年

コラム4

多国籍企業の展開と影響力

森原康仁

アメリカ政府や日本政府がグローバルな安全保障体制の構築に取り組むことと、巨大企業（ビッグビジネス）の活動が地球規模に広がっていることとは密接な関係があります。そこで、このコラムでは彼らの活動の現状と歴史について考えてみます。

ビッグビジネスとしての多国籍企業

儲《もう》けの源泉となる元手《もとで》を資本と呼びます。そして、儲けを目的として資本を投下することを投資と呼びます。投資をつうじた企業の活動は一国の内側にとどまるものではありません。企業とは「利潤《りじゅん》の取得と資本の蓄積を目的として商品やサービスの生産、販売、購買、経営管理などの活動を行う組織体」であるわけですから、海外に儲けのチャンスがあれば、さまざまなかたちで進出しようとします。

企業の国外への投資は、投資先企業の経営支配（コントロール）を目的にした直接投資と、投資による利子や支配を目的としない間接投資（証券投資）に分けることができます。この直接投資をになっている主体が多国籍企業です。

図1にあるように、直接投資には、海外に工場を建設するなどして新規に海外進出する「グリーンフィールド投資」と、国外の企業を買収するなどして海外事業を拡大しようとする「M&A（合併・買収）」があります。いずれも国外の事業の経営を支配するという点では同じです。

国際連合（国連）は、多国籍企業を「生産、サービス設備を複数国において所有・支配しているすべての企業」（1974年）と定義していますが、たんに仕入のために海外に拠点を設けているような中小企業は多国籍企業とは呼びません。一般に多国籍企業と言うときには、わたしたちがテレビのコマーシャルでみるようなビッグビジネスを指しています。

図1　国外投資の分類

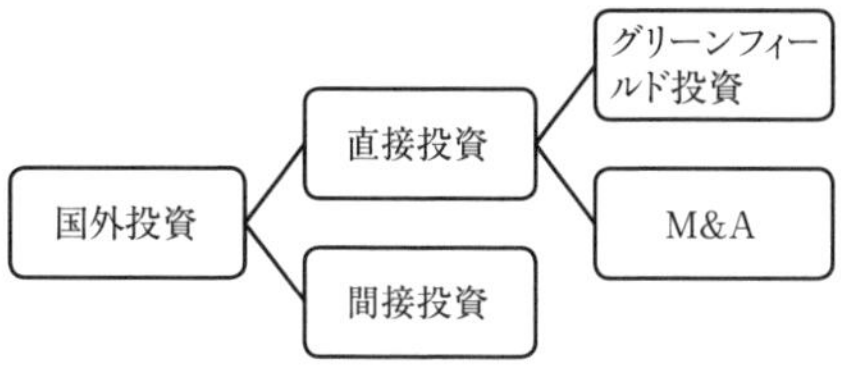

（出典）筆者作成。

表1をみてください。世界の多国籍企業のなかでも、ごくひと握りの巨大企業が大きな影響力を振るっているのが現実です。国連貿易開発会議（UNCTAD）は、2013年、世界多国籍企業上位100社が約13・7兆ドルの資産をもち、約9・3兆ドルの売上を誇り、約1700万人もの雇用を維持していると報告しています。企業数としては1%にも満たない巨大多国籍企業が、世界の富の1割前後を生みだしています。

国際機関の定める諸制度（貿易や投資をささえる諸制度）や政府の行う対外政策（開発援助）には、こうしたひと握りのビッグビジネスが巨大な影響力を行使しています。

表1　世界の100大多国籍企業（非金融法人）

	2011年	2012年	2013年
資産（10億ドル）			
国外	7,634	7,888	8,035
国内	4,897	5,435	5,620
総額	12,531	13,323	13,656
国外比率	61%	59%	59%
販売（10億ドル）			
国外	5,783	5,900	6,057
国内	3,045	3,055	3,264
総額	8,827	8,955	9,321
国外比率	66%	66%	65%
雇用（千人）			
国外	9,911	9,821	9,810
国内	6,585	7,125	7,482
総額	16,496	16,946	17,292
国外比率	60%	58%	57%

（出典）UNCTAD (2014), *World Investment Report 2014*, Switzerland: United Nations Publication, p. 32.

その一方で、中小企業や市民の声はこれらの政策や制度になかなか反映されません。つまり、「グローバリゼーション」と言っても、それを推進する経済主体によって影響力や利害が異なるのです。

「海外でつくって海外で売る」

実は、こうした巨大企業の多国籍化の歴史はそれほど古いものではありません。もちろん、大鉱山や大規模なプランテーションを営む企業は19世紀から世界を股にかけて活動していました。しかし、本格的に巨大企業の国際化が進むのは、第二次世界大戦以後のことです。実際、「多国籍企業」という言葉が、一般に浸透するのは１９６０年代のことです。

１９５０年代～60年代の主な担い手はアメリカでした。その後、１９７０年代にはいると、イギリス、ドイツ、フランス、ベネルクス三国、スイス、スウェーデン、イタリアといった、ヨーロッパの企業が海外に進出するようになります。そして、１９８０年代になると、日本企業もさかんに海外に進出するようになりました。さらに、２０００年代になると、中国をはじめとした新興国の企業も国際展開をはかるようになりました。

現代の巨大企業の多くは、本社の所在地がどこにあっても、売上や利益の大半を海外で稼《かせ》ぐようになっています。内閣府の調査によれば、２０１３年、東京や名古屋の証券取引所に上場《じょうじょう》する製造業大企業のうち「海外現地生産」を行っている企業の割合は約7割（69・8％）にのぼり、海外生産はごくありふれたものになっています。

この調査では「海外現地生産による生産高」を「国内生産による生産高」と「海外現地生産による生産高」を足したもので割った「海外現地生産比率」に関するアンケートも行っています。２０１３年度にはこの数字がはじめて2割を超え21・6％になりました（２０１３年度実績見込みベース）。

バブル経済ピーク時の１９９０年には、海外現地生産を行っている企業の割合は36・0％、海外現地生産比率はわずか4・3％でした。１９９０年代～２０００年代にかけて、日本経済のあり方が「国内でつくって海外で売る」から「海外でつくって海外で売る」というかたちへと、大きく様変わりしたことがうかがえます。

多国籍企業の影響力

では、企業活動の多国籍化は社会に対してどのような影響を与えるのでしょうか。多国籍企業研究の泰斗《たいと》であるスティーブン・ハイマーは、多国籍企業は、①世界的規模の活動を内部事業に取り込み世界的な階層秩序と国際分業を創出し、②その結果、世界の資本の大部分を所有し進出国から本国へ利益を吸い上げ、③世界の全地域を利潤追求の対象として貧困世帯をいっそう貧しくする、と述べています。この指摘は、スポーツ用品を販売するナイキが途上国の低賃金労働力を活用して膨大《ぼうだい》な利潤を上げていることを念頭におけば理解できるでしょう。

しかし、先述したように、こうした問題点にもかかわらず、巨大企業の多国籍化は進んでいます。とくに、1980年代以降は、韓国やシンガポールなどの一部の途上国が、多国籍企業のしいた国際的な生産ネットワークに加わることで産業の高度化を達成したため、多国籍企業の受け入れは「経済成長の戦略的な要《かなめ》」としての位置づけをもつようになりました。

さらに、冷戦体制の崩壊による東西の政治的障壁《しょうへき》の消滅は、企業のグローバル活動にいっそうの拍車《はくしゃ》をかけています。このため、今日では「世界最適地生産」、すなわちより安く、より高い質を求めて、生産がグローバルに細分化されています。iPodのようなわたしたちの利用している身近な製品も、アメリカ、日本、韓国、台湾、中国その他の国々の部品の「よせあつめ」です（図2）。

こうして、国境を越えた企業活動をささえる制度も、グローバルな平準化《へいじゅんか》が進んでいます。その先駆けとなったのは1995年に成立した世界貿易機関（WTO）の成立です。WTOの前身である関税及び貿易に関する一

図2　iPodの小売価格（$299）の内訳

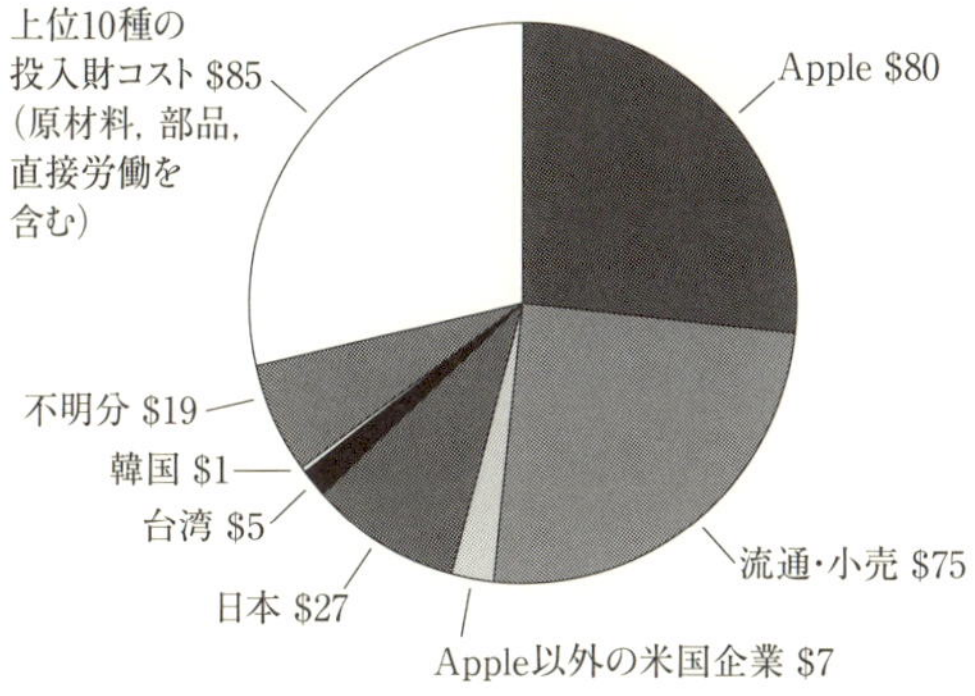

（出典）Linden, G., Kraemer, K. L., and Dedrick, J. (2009) “Who Captures Value in a Global Innoavation Network? The Case of Apple's iPod.” *Communications of the ACM*, 52 (3), March, p. 143.

般協定（ＧＡＴＴ）は、輸出入にかかわる関税率の引き下げのみを対象としていました。しかし、ＷＴＯは、著作権や特許権などの知的財産権をも対象としています。

さらに、２０１５年10月に「大筋合意」したとされている環太平洋パートナーシップ協定（ＴＰＰ）は、「貿易」という言葉が一語も出ていないことからわかるように、きわめて包括的な内容を含んでいます。つまり、モノの貿易にかかわる関税撤廃《てっぱい》やサービス貿易にかんする交渉はもとより、各種貿易支援制度、各種国内規制措置（環境規制や労働規制、原産地規則など）、投資規制と投資にともなう紛争解決手段といった内政に直接かかわる分野が広範に取り上げられています。

グローバルな企業活動をささえる方向に各国の政策努力が誘導される――現代の国際社会は、多国籍企業のもつ巨大な影響力に左右されていると言わざるをえません。

参考文献

石田修・板木雅彦・櫻井公人・中本悟編『現代世界経済をとらえるVer.5』東洋経済新報社、２０１０年
柴田努・新井大輔・森原康仁編『図説　経済の論点』旬報社、２０１５年
西川潤『新・世界経済入門』岩波新書、２０１４年
羽場久美子『グローバル時代のアジア地域統合――日米中関係とＴＰＰのゆくえ』岩波ブックレット、２０１２年

Part III

わたしたちの
平和と安全は
わたしたちがつくる！

1 どうする？ 日本の領土問題

城 秀孝

歴史的展開

江戸時代までの日本地図のなかには、北海道や沖縄など現在のように日本の国土にはいっていないところがあります。明治維新ののち、日本政府はそれまで領土としていなかった土地も日本の領域に編入し、国境を画定していきました。現在の沖縄県も、かつては琉球《りゅうきゅう》王国という独立した国でしたが琉球藩の設置をへて、日本の国土として編入します（1879年のいわゆる「琉球処分」）。清《しん》国（現在の中国）との間に親交関係のあった琉球ですが、沖縄県設置の問題は深刻な国際紛争となることはありませんでした（日清戦争を終了させるための下関《しものせき》条約でも争点とはなりませんでした）。北海道には開拓使《かいたくし》が派遣され開発が進められました。北海道周辺の島々については、ロシアとの間で国境交渉が進められてきました。1875年には、千島《ちしま》・樺太《からふと》交換条約が結ばれ、日本とロシアの国境線の画定が行われました。日本は、それまで領土にしていた歯舞《はぼまい》群島、色丹《しこたん》島、国《くな》

図1　竹島（独島）の位置

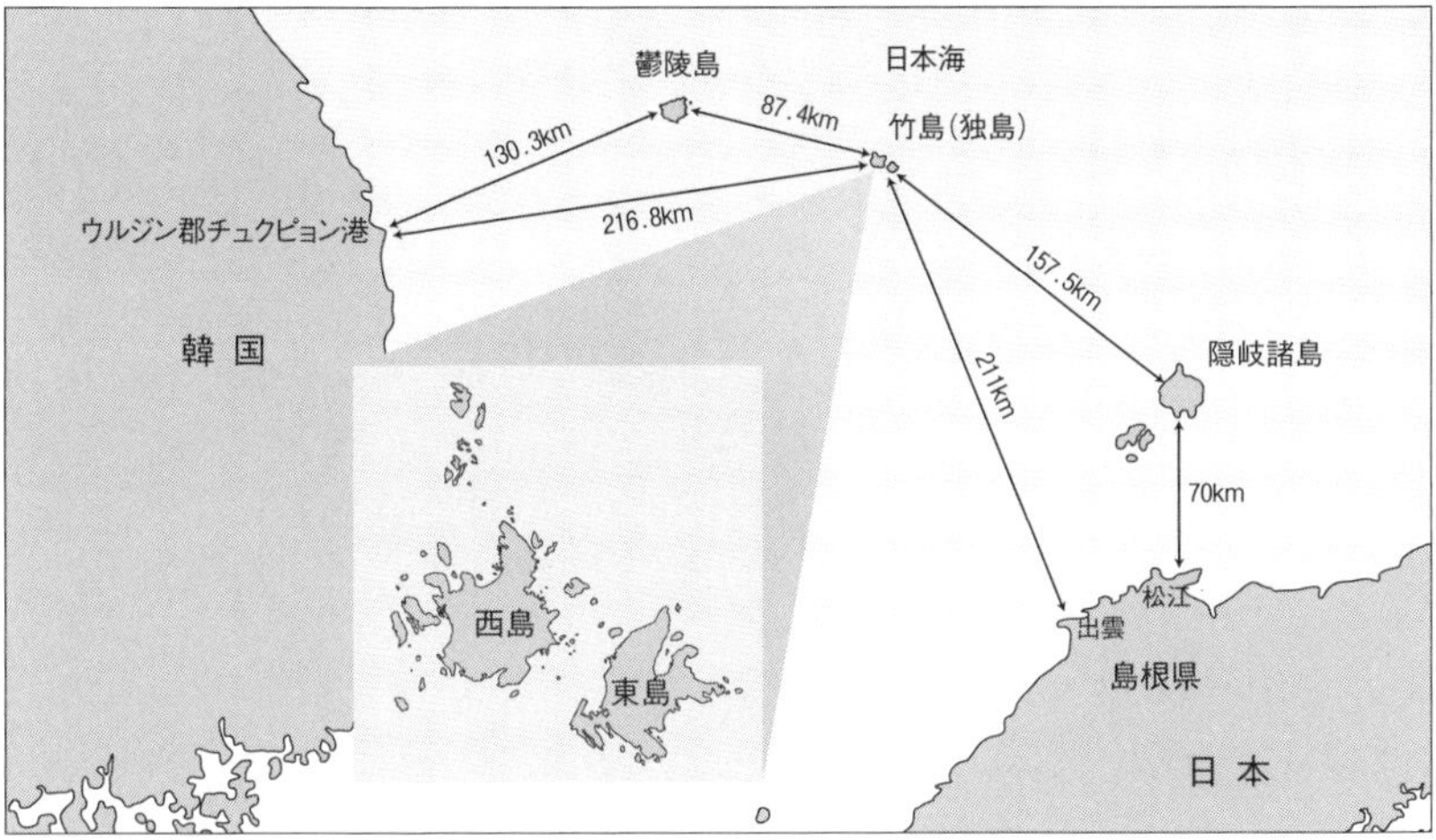

（出典）歴史教育者協議会（日本）・全国歴史教師の会（韓国）編『向かいあう日本と韓国・朝鮮の歴史　近現代編』大月書店，2014年。

後《しり》島、択捉島《えとろふ》のほかに千島列島を領土にすることとなり、一方で樺太を手放します。１９０４年に日本とロシアは日露戦争を戦うこととなり、戦争の処理のために１９０５年にポーツマス条約を結びます。この条約によって日本はロシアから正式に樺太の南半分を譲り受けることになりました。

アジア・太平洋戦争の敗戦と領土問題

上記の千島・樺太交換条約によって、千島列島が日本の領土となったわけですが、その後、アジア・太平洋戦争で日本は敗戦をむかえます。みなさんもご存じのとおり、日本国は連合国軍の占領統治を受けることになります（ロシアとの関係はＰａｒｔⅡ・４参照）。また、連合国による占領統治が終了し、日本の国家再建が軌道に乗りつつあった１９５２年には、韓国が「李承晩《りしょうばん》ライン」と呼ばれる海の上の国境線を一方的に引きました。その後、竹島（韓国名・独島《トクト》）には韓国の政府や軍の関係者が常駐しつづけており、日本政府はこれを不法占拠《ふほうせんきょ》であると批判しています。尖閣《せんかく》諸島については、アジア・太平洋戦争終了後しばらくの間安定していましたが、徐々に日中間で緊張が高まってきています。１９８０年代くらいまでの中国（中華人民共和国）は工業化があまり進展せず、海底資源についてはあまり関心を示していませんでした。しかし現在では、世界第二位の経済大国にまで成長し、10億人を超える巨大な人口を抱え、エネルギーの消費が急速に拡大してきています。こうしたなか中国は、中東から安定的に石油の輸入を行うことを重視しつつ、原子力発電にも本格的に取り組み、さらには自国近海から太平洋に眠る天然資源（海底油田・ガス田）にも目をつけたわけです。このトラブルを解決するためには、もともとこれらの島々がどの国のものだったのかを考えてゆく必要があります。

国際法と領域主権

昔の人びとの暮らしのなかでは、みなで一緒に使う、共同で使う土地という考え方があってもいいのだと言われていました（こうした考えにもとづいて「入会《いりあい》」の制度などが日本でも利用されてきました）。しかし残念ながら、現在の国際社会では、そうした共同利用という手法は一部の例外を除き、あまり一般的ではありません。現代の国際法のルールにおいては、それぞれの国家が厳密な境界線（国境線）を引き、自分たちの国がその土地を独占的に利用することが一般的になっています。北方領土、竹島、尖閣諸島は、いずれも広い海のなかにある島です。その島のまわりの海で漁業をしたり、海底資源を掘ったりすることで国は利益を得ることができます。そうしたことが原因となり、日本も中国も韓国もロシアも、海にある島をほしがり、すでに手に入れた自分たちの島を手放したくないと考えるようになるわけです。

国際法による平和的解決

さて、日本は現在、ロシア、中国、台湾、韓国と領土問題を抱えていて、それぞれの国の主張はさまざまな根拠にもとづいています（日本政府は中国との間に領土問題は存在しないという立場です）。「あの土地は自分たちのものだから返してくれ」という主張に対して、きちんと話し合いをして、トラブルを解決できれば平和は維持されますが、もし、相手の主張をいっさい聞くことなく、突っぱねたら紛争や戦争へと発展してしまうおそれもあります。こうした事態を招かないためにも、領土に関するトラブルは国際法にのっとって適切に解決する必要があるのです。トラブルになった当事者たちが各々自分たちの意見だけを述べていても、それでは水かけ論、堂々めぐりになり、解決できません。国際法ではそうしたトラブル解決のための方策を用意しています（国際連合憲章における紛争解決手続きについては、PartⅢ・2参照参照）。「中国が尖閣諸島を取りに来るぞ！」と、いたずらに脅威《きょうい》を煽《あお》って、日本の軍事力を高めるのならば、中国のほうも「日本がどんどん軍事力を強化して島の守りを固めているのは許せない」とか「日本に勝つために海軍を増強するぞ」と言って軍事力を強化するでしょう。それは軍備拡大競争（軍拡競争）という危険な状態を招くことになり、日本にとっても中国にとっても決して望ましいことではありません。お互いが平和的にこの問題を解決しようとしないかぎり、どちらにとっても不幸な結果となるでしょう。

領域裁判・領有権凍結

トラブルのもととなる土地や海については、国際社会ではなんとかしてそれが国際紛争へと悪化しないような方策を考えてきました。まず第一に、問題となっている場所を、国家の領域からはずしてしまうという方法です。国際法の歴史をたどってみると、海の大半は人類が支配することが困難であることを理由に、広大な海域がどこの国にも所属しないという「公海」の制度が導入されました。国が管理して利用することができる海

図2　尖閣諸島と日中境界線

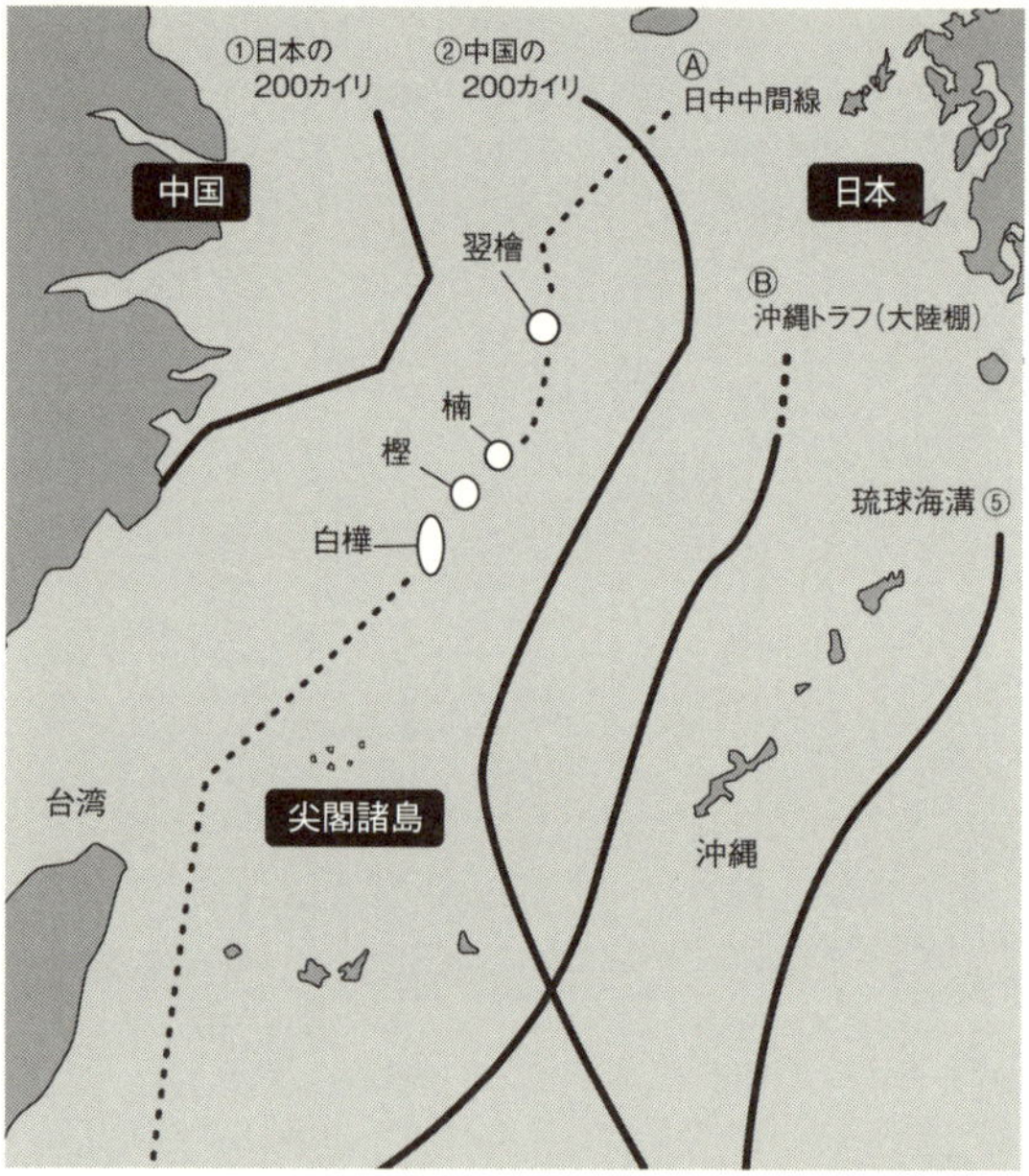

（出典）松竹伸幸『これならわかる　日本の領土紛争』大月書店，2011年。

の範囲には限界があります。現代の国際法では、陸地に近い沿岸12カイリの距離（約22キロメートル）までの範囲内を各国の領海にすることを許しています。その領海のなかでは沿岸国が海を独占的に利用することが認められています。しかしその後、１９８０年代につくられた国連海洋法条約によって、「排他的経済水域」というあらたな制度が国際法に導入されるようになってから、事態が悪化しました。この排他的経済水域は、沿岸から最大２００カイリの距離（約３７０キロメートル）が、その国の独占的な経済活動に使われる海となりました。日本周辺の海でも、この排他的経済水域をどのように設置するかで争いが生じることとなりました。２００カイリまでという広大な範囲を自国の海にしてしまうとなると、日本と韓国や日本と中国の間の海はその範囲に埋まってしまいます。そこで現在の日本は韓国・中国との間で漁業に関する境界線を引くための交渉を続けています。アジアの海を共同で適切に利用することができれば、島の奪い合いや資源の取り合いもなくなるでしょう。さらに別の手法として、南極大陸で行われているように、紛争の対象になりかねない場所を、どの国も領有権を主張しない場所にするための国際条約を結ぶという手法もあります。実際、１９５９年に南極条約が結ばれ、日本も含めて世界の50の国々が、南極に対する領有権の主張を停止しています。

つづいて、第二の手法を見ていきましょう。海に浮かぶ島などが、どの国の領域であるのかを国際法に従って客観的に判定するという方法です。これは領土に関するトラブルを国際裁判で解決するものです。アフリカ諸国における事例を中心にこれまでいくつもの領土裁判が、国連の機関である国際司法裁判所（ＩＣＪ）で行われてきました。残念ながら、現在のＩＣＪのシステムでは、トラブルになった国の双方が同意しなければ裁判を開始することができないという限界があります。竹島についての裁判を日本政府は希望しているようですが、韓国がこれを了承していないのでまだ裁判は実現していません。日本も周辺諸国との関係改善のため、領土裁判を周辺諸国に対して根気強く求めていく必要があるでしょう。また、海上保安庁の巡視船による中国漁船衝突事件で国民が広く知ることとなり、さらには国有化によって深刻化している尖閣諸島の領土問題についても、日本政府が積極的に中国政府に働きかけ、国際裁判をつうじて平和的に解決することが重要です。

アジア地域をみてみると、中露国境協定が２００４年に結ばれ、大国どうしの領土紛争も平和的に解決することが可能なのだと示され、また、カンボジアとタイの間でも国際裁判で領有権紛争が解決されるなど、アジアでの領土をめぐる国家的対立は徐々にですが解消に向けて前進をみせています。日本も、国際裁判所の活動に積極的に協力するようになってきています。最近の話題としては、ミナミマグロ漁業や捕鯨《ほげい》に関する対立が、国際的な裁判手続きによって処理されるようになりました。２０１４年にＩＣＪで判決が出された南極海での捕鯨に関する裁判では、日本の主張が受け入れられず、日本は最終的に負ける結果とはなりましたが、その後地道に話し合いを続けていくことが望まれています。領土に関する争いについても、根気よく話し合いを続けていくことで日本もアジア諸国もお互いに平和な関係を維持してゆくことができるはずです。広大な東アジアの海をみんなで平和的に利用し、すべての漁民の利益・共同利益を実現することが必要だと言わなければなりません。こうした平和的解決のためには、国どうしの努力だけではなく、双方の国民どうしも友好関係を深めていくことが必要になります。

参考文献

池上彰監修『国境の本①　国境のひみつをさぐろう（増補改訂版）』岩崎書店、２０１３年
沖縄タイムス「尖閣」取材班編『波よ鎮まれ――尖閣への視座』旬報社、２０１４年
国際法事例研究会編『日本の国際法事例研究（３）領土』慶応通信、１９９０年
芹田健太郎『日本の領土』中央公論新社、２００２年
高橋和夫・川嶋淳司『一瞬でわかる日本と世界の領土問題』日本文芸社、２０１１年
松竹伸幸『これならわかる日本の領土紛争――国際法と現実政治から学ぶ』大月書店、２０１１年

2 軍事力の「脅《きょう》威《い》」を減らすには?

城 秀孝

核をもつ国々

国際社会にはさまざまな国があります。国土面積の大きい国、人口の多い国、軍事力の強い国などさまざまな要素から、その国の国際社会における立ち位置のようなものが決まってきます。そうした国の力(パワー)のなかで重要な要素のひとつに、軍事力があります。強い軍隊(軍事力)をもっている国は、残念ながらほかの国に自らの意思を押しつけることがあります。軍隊の強さにはいろいろな基準がありますが、特に重要な要素となるのが、大量破壊兵器などの強い兵器をもっているかどうかです。このなかで原子爆弾などの核兵器は最強の兵器だと言えます。現在、世界190数か国のなかで核兵器をもっているのは、アメリカ、イギリス、フランス、ロシア、中国という5つの大国と、核兵器を保有することとなったインド、パキスタン、北朝鮮など少数の国々です(イスラエルは自ら核保有を公言していませんが、核兵器をもっているとみられています)。これらの国々が保有する核兵器は、わずか1発だけでも都市を全滅させることができるほどの巨大な破壊力をもつものであり、核兵器を保有する国が存在することは、ほかの国にとっては大きな脅威となっています。日本にとっても、隣国である北朝鮮や中国が核兵器を保有していることは、大きな脅威だと言えます。また、違った視点からみれば、アメリカが大量の核兵器をもっていることを脅威に感じている北朝鮮のような国もあるということです。こうした観点から言えることは、この世界からすべての核兵器をなくすことが本当に必要だということです。

平和に対する脅威

国際社会も人間の社会の一種です。ときには家族や友人とけんかをしてしまうこともあるように、国際社会でも、国と国の仲が悪くなることがあります。国と国のけんかがエスカレートすると、戦争になります。世界の平和と安全を守ることを目標とする国際連合(国連)は、なんとかして戦争が起きないように努力をしています。そして、平和が失われて戦争になりそうなときには、国連が国と国のけんかである「紛争」をやめさせるために、平和的な手段(話し合いやけんかの仲裁《ちゅうさい》など)や、国際法という国と国の間のルールを使って対応するのです。さらに、国連の努力が実らずに、実際に戦争が起こってしまった場合には、どの国が国際社会のルールを破って戦争を始めたのかを明らかにして、それぞれの言い分を国連が判断して説得します。

脅威をつくらないために

国際社会も人間社会のひとつである以上、けんかが起きるのは仕方ないことかもしれません。しかし、けんかが起こったときに手元に武器がなければ、悲惨な殺し合いに発展することはまずありません。こうした考えから、人類は各国が武器をもたない（あるいは、すでにもっている武器は数を減らす）ことを考え出しました。これがいわゆる「軍備縮小（軍縮）」という考え方です（英語でdisarmament, 軍備の削減だけではなく、軍備の撤廃《てっぱい》の意味も含みます）。明治維新をへて富国強兵を達成した昔の日本も、どれくらいの武器をもってよいのか世界の国々と相談して、海軍軍縮に関するロンドン条約やワシントン条約などの「軍縮条約」を結びました。軍縮条約をつくって、国々がもつ兵器が少なくなれば、たとえ戦争が起きても、殺し合いや破壊の度合いが小さくてすみます。人類は、二度の世界大戦を経験しました。その反省から軍縮という理念をいまももちつづけています。現代の国際社会では、核兵器その他の兵器に関する多くの軍縮条約がつくられ、そのルールが実際に守られています。そのなかでもっとも有名な軍縮条約が、核兵器不拡散条約（NPT条約）です。この条約には日本や米国、中国、ロシアなどもはいっています。また、現在核兵器開発問題で注目されている北朝鮮もかつてはこの条約のメンバーでした。現在の北朝鮮はこの条約から脱退を表明し、核実験を何度も行っていますが、北朝鮮にはメンバーへの復帰を求める必要があります。もし北朝鮮が国際社会のルールを守らないのなら一定の制裁を与えるのもやむをえませんが、ルールを守ることが北朝鮮にとっても幸せな未来をもたらすものであることを理解させるような努力をわれわれも続けていかなければなりません。

平和的な紛争解決へ

現在の日本をとりまく国際情勢は、かならずしも平穏なものではありません。だからといって声高に他国の脅威を叫ぶだけで、軍縮という理念を放棄してしまうことは望ましくありません。すでにみたように、世界の平和が損《そこ》なわれそうなときには日本を含む国連加盟国が、国連憲章のルールに従って、平和的な方法で紛争解決をしてゆくことこそが、戦争への道をはばむ有効な手段となるのです。国連憲章では第6章が紛争の平和的解決のための条文となっています。第33条では、紛争が生じている国は「交渉、審査、仲介、調停、仲裁裁判、司法的解決、地域的機関又は地域的取極《とりきめ》の利用その他当事者が選ぶ平和的手段による解決」を求めなければならないとしています。これは簡単に言うと、紛争を放置してしまうとさらに状況が悪化して、ささいなきっかけで戦争が発生してしまう危険性があるので、紛争になった国々で話し合いをし、必要に応じて第三者（他の国や国際組織など）の手助けを求め、客観的な手続きに依拠《いきょ》することがルールとなっているのです。もし日本国が中国や北朝鮮の行動を不安であり脅威であると認識するのならば、現在よりもなおいっそう、そうした国々との「交渉」（＝話し合い）に本腰を入れなければなりませんし、その他の平和的な手段によってもこれを解決してゆく努力をしなければなりません。

国際社会による制裁から非軍事化へ

北朝鮮については現在、拉致《らち》問題や核兵器開発問題などが生じており、韓国との間でも緊張が高まっています。しかしこうした問題に対して日本が進むべき道は、武力（武器の力）によるのではなく、すでにみた国連憲章第33条のルールにのっとり平和的解決を探ることです。国際社会と協力して、北朝鮮の過《あやま》ちに対しては、これをただしてゆくために国際社会「全体」で罰を与えることになるわけです。ほかの国に罰を与えるという行為は、ある国が単独で行うと、戦争の危険を高める可能性があるので、国際社会が一致団結して集団的に行うことが肝心です。また、他国のルール違反を批判する際には、自国に有利な主張ばかりしてしまう危険性もあります。そのため、国際的な組織による客観的で公平な審査が必要になります。日本がかかわった満州事変《まんしゅうじへん》についての国際連盟リットン調査団報告書（1932年作成）もそのひとつです。現在の国連も、北朝鮮などルール違反をする国々に対して、武力を用いない「経済制裁」などの方法を駆使《くし》して制裁を与えています。しかし、制裁を与えるだけではやはりトラブルの解決には不十分です。北朝鮮を国際社会のメンバーとして受け入れ、平等な関係（＝友達関係）を維持してゆくことが強く求められます。そして、核兵器などの大量破壊兵器（多くの人を殺す兵器のこと）をもたない平和的な国家へと生まれ変わらせてゆくことが重要となります。現在の国際社会においては、核兵器の配備や使用が禁止される地域の設定が世界各地で進められています。いわゆる「非核兵器地帯」です（この点につき、PartⅢ・5参照）。すでに地球上の多くの地域がこうした非核兵器地帯となってきています。北朝鮮の暴走をくい止めるためには、北朝鮮を交えて、日本や韓国などの国々の間で議論を深め、この地域に非核兵器地帯を設置することがもっとも望ましい解決策ではないでしょうか。国際社会ではこれまで、対人地雷やクラスター爆弾の禁止の条約など、非人道的な兵器を規制するためのルールづくりが進められてきました。東アジアでも核兵器に関するこうした取り組みを続けることが重要でしょう。

軍隊という脅威

軍事力を提供する「軍隊」は、基本的には他国の侵略に対する危機感から、それぞれの国家が自らの国を守るために用意しているものです。そこでの危機感は、国によって千差万別です。北朝鮮は、大量の武器をもっている米国の存在を「脅威」だと感じており、米国によって自分の国を滅《ほろ》ぼされないために軍事力の強化や核兵器の開発に奔走《ほんそう》しています。結局のところ、それぞれの国家による軍隊の維持は、他国を刺激する場合があることをお互いに理解する必要があるのです。もちろん、仲の良い国どうしの場合には、味方の国（自分の仲間の国）の軍事力が強くなったら自分たちの安心につながると考える人びとがいるのも事実です。しかし、そうでない国どうしの場合には、相手の国が軍事力を強くしたら、不安に感じることのほうが多いものです。中国軍や北朝鮮軍の強化について不安に感じる人が日本にいるのと同様、在日米軍や自衛隊の強化を不安だと思う中国や北朝鮮の人びとがいるのも自然なことだと思います。そうした不安を増加させないようにするためにも、日本を含むすべての国々は、国連を中心にして軍縮に取り組んでゆかなければならないのです。先にみたNPT条約は、1967年より前に核兵器を開発した5つの国(アメリカ、イギリス、フランス、ロシア、中国)が、これ以外の国に核兵器をもたせないためにつくったルールであり、不平等な内容もはいっている条約です。NPT条約ではこの5つの核保有国が、誠実に核軍縮のための外交交渉をする義務もルールにしているわけですが(第6条)、実際にはなかなか核軍縮が進展してきていないことはみなさんもご存じのとおりです。核兵器の力を含めた米軍の圧倒的な力があるかぎり、北朝鮮のようにそれを脅威だと感じる国はかならず現れるでしょう。それゆえに、米国のオバマ大統領が述べたように、「核兵器のない世界」をつくることしか、世界を平和にする道はないのだと言わざるをえないと思います。その意味で、核保有国を含めた多くの国々は、まだまだ軍縮の努力が足りないと言えます。

参考文献
浅井基文『国際社会のルール1　平和な世界に生きる』旬報社、2007年
大森正仁編『よくわかる国際法(第2版)』ミネルヴァ書房、2014年
尾崎哲夫『はじめての国際法』自由国民社、2011年
外務省パンフレット『軍縮・不拡散(改訂版)』2014年(http://www.mofa.go.jp/mofaj/press/pr/pub/pamph/gun_fukaku.html)

3 謝罪や補償を求める被害者の声にどうこたえるか

佐々木 啓

謝罪と補償を求められる日本

一般論として、暴力を振るった相手に対して謝罪《しゃざい》し、賠償《ばいしょう》するというのは、互いに対等で良好な関係であろうと願うかぎり、当然のことです。しかし、日本が過去に行った侵略や植民地支配などの加害行為について、中国や韓国といった被害国の人びとから謝罪や補償を繰り返し求められ、いい加減《かげん》うんざりする、という意見がよく聞かれます。そのためでしょうか、2015年8月14日に安倍首相が発表した「戦後70年談話」（閣議決定）の、「あの戦争には何ら関わりのない、わたしたちの子や孫、そしてその先の世代の子どもたちに、謝罪を続ける宿命を背負わせてはなりません」というフレーズに、共感したという人が6割を超えるという世論調査もあります。心から反省して謝罪し、補償についても適切に行うなど、加害国としての責任をしっかりと果たしているのであれば、許してくれないほうにも問題があるのかもしれません。では、実際の日本政府は、過去の侵略や植民地支配について、加害国としての責任を十分に果たしてきたと言えるでしょうか。

1970年代までの日本政府の歴史認識

歴代の日本政府は、侵略と植民地支配について、どのようにとらえてきたのかを確認してみましょう。歴史学者の吉田裕《よしだゆたか》氏は、1950年代以降の日本政府の戦争観について、「ダブル・スタンダード」であったと指摘しています。すなわち、国内向けには、侵略戦争や植民地支配の責任を認めない、ないし不問に付す態度をとり、国外、特にアメリカに対しては、東京裁判の結果を受諾《じゅだく》するとして、侵略戦争の責任を認める態度をとる。このように、2つの相矛盾する態度をとってきたというのです。こうした態度は、アジア侵略という事実認識を否定ないし曖昧《あいまい》化するものにほかなりませんでした。

たとえば、日本が植民地支配していた韓国との関係では、1953年10月、第三次日韓会談財産請求権分科委員会で、日本側首席代表が「日本の朝鮮統治は朝鮮人に恩恵《おんけい》を与えた面もある」などと発言し、それを日本政府が擁護《ようご》したために、会談が4年半にわたり中断するという事態が起こりました。日本政府は、事実上朝鮮の植民地支配を肯定する態度をとったのです。こうした日本側の態度に対し、韓国の外務部長官は、「韓国を侮辱《ぶじょく》する発言を公々然とするのは、彼等《かれら》日本人が韓国に対する侵略根性をいまだに清算していないからである」と強く批判しました（高崎宗司『「妄言」の原形——日本人の朝鮮観』木犀社、1990年）。

中国との関係でも、こうした態度は同様のものでした。1973年、衆議院予算委員会において、田中角栄《たなかかくえい》首相が、日中戦争が「端的《たんてき》に侵略戦争であったかどうかということを求められても、私がなかなかこれを言えるものじゃありません」と発言しているように、日本政府は、中国に対する戦争の性格を侵略とは認めない立場をとりつづけたのです。1950年代から80年代初頭までの日本政府は、総じて日本の侵略や植民地支配について、その責任を否定する、ないし明確にしない、というスタンスだったと言えます。

日本政府の歴史認識の転機となった82年教科書問題

こうした日本政府の姿勢は、しかし、１９８２年の歴史教科書問題で、ひとつの転機をむかえます。同年６月、高校用教科書検定において、文部省が日本の対外侵略を「侵入」や「進出」に、朝鮮の三・一独立運動を「暴動」などと書き直させたとする報道がなされました。これに対して、中国や韓国から強い批判が寄せられたのです。中国政府から正式な批判が伝えられ、韓国や台湾でも反対運動が起こるなかで、日本政府も具体的な対応をとることを余儀《よぎ》なくされていきます。その結果、教科書記述の是正を約束するとともに、以後の教科書検定基準に隣国への配慮に関する条項を設けるなど、検定内容を改めることとなりました。

こうした日本政府の歴史認識の転換の動きは、政府要人の言動にも影響を与えていきます。同年８月に、小《お》川平二《がわへいじ》文部大臣が、日中戦争が侵略であったことを認める発言をし、86年には、中曽根康弘《なかそねやすひろ》首相が、太平洋戦争は「侵略戦争だったと思っている」と述べるにいたりました。戦後一貫して、侵略戦争と植民地支配の責任を曖昧にしてきた日本政府の立場は、ここへきてかなりの程度改められたのです。こうした政府のスタンスの変化は、日本軍「慰安婦」への暴力について国の責任を認めた93年の「河野《こうの》談話」や、侵略と植民地支配についての反省とお詫《わ》びを明記した95年の「村山談話」へとつながっていきます。

歴史修正主義の展開

ところが、１９９０年代半ばから、こうした流れとは逆の動きが強まっていきます。97年には、右派的な学者やジャーナリストらによって、「新しい歴史教科書をつくる会」が結成されました。同会は、従来の歴史教科書の内容を「自虐的《じぎゃく》」であると批判し、「子供たちが日本に誇りを持てる教科書」を作成する必要があるとして、運動を進めていきます。そこでは、アジア・太平洋戦争は、アジア解放のための戦争であったと喧伝《けんでん》され、南京大虐殺や日本軍「慰安婦」などの事実はなかったとする主張が展開されました。

同時期に、政界においても歴史修正主義の動きが出てきます。1995年には、自民党の「歴史検討委員会」が立ち上げられ、『大東亜《だいとうあ》戦争の総括《そうかつ》』(展転社)という書籍を刊行しました。そこでは、戦後の歴史教育が「東京裁判史観」とみなされ、「日本人自身の歴史認識を取り戻す」必要があると書かれています。97年には、自民党の議員を中心に、「日本の前途と歴史教育を考える議員の会」が結成され、「慰安婦」制度に対する日本軍の関与や、南京大虐殺など、戦時下における加害の事実を否定する動きを強めていきます。2000年代にはいってからは、小泉純一郎首相が東京裁判でA級戦犯とされた戦争指導者を祀《まつ》る靖国神社への公式参拝を復活させ、閣僚の参拝も相次ぐようになるなど、侵略と植民地支配の肯定につながる姿勢を示していくようになります。「つくる会」の運動は途中で分裂しましたが、教科書のシェア率は次第に増加し、2015年の中学校用教科書採択では、育鵬社《いくほうしゃ》版のものが約6%を占めるなど、その影響力を強めています。

戦後70年談話

現在の首相である安倍晋三《あべしんぞう》氏は、上記の「議員の会」の事務局長を務めるなど、こうした歴史修正主義運動の中心をになってきた政治家です。安倍首相は、第一次政権の段階(2006~07年)から、日本軍「慰安婦」問題について、軍による強制を否定するなど、侵略戦争の責任や加害の事実を否定する姿勢をとってきました。第二次政権(2012年~)になってからも、靖国神社に公式参拝し、「侵略」の定義は「学界的にも国際的にも定まっていない」と発言するなど、80年代以降の日本政府の態度を、それ以前のものに戻す動きをみせています。したがって、戦後70年に際して、安倍首相が談話を発表するという報道がなされたときに、中国や韓国などの被侵略国が強い警戒心を示したのは、当然のことだったと言うべきでしょう。

実際、「戦後70年談話」は、いくつもの問題を含むものとなりました。第一に、この談話で首相は、戦前日本の行った対外戦略について、「侵略」という評価を下さず、また、謝罪を表明することもありませんでした。歴代の内閣の立場を引き継ぐとしつつ、自身としては侵略と認めようとしなかったのです。談話発表後の記者会見で、首相は「具体的にどのような行為が侵略に当たるか」については「歴史家の議論に委《ゆだ》ねるべきである」とあらためて述べています。日本政府の歴史認識が、82年よりも前のものへと逆戻りしたことを端的に示すものと言えるでしょう。

第二に、この談話は、朝鮮の植民地化の大きな契機となった日露戦争について、「多くのアジアやアフリカの人々を勇気づけ」たとするなど、アジアへの侵略を肯定的にとらえる内容となっています。台湾、朝鮮への侵略、植民地化の事実については、いっさいの言及がなく、満州事変《まんしゅうじへん》以降の侵略戦争の歴史についても、欧米諸国の「経済のブロック化」によるものとして、原因を他国の政策に帰する内容となっています。安倍首相が、アジアとの関係において、日本の主体的な責任を認める立場をとっていないことを、如実《にょじつ》に示すものと言えるでしょう。

こうした安倍談話の内容に対して、中国外務省は「日本は当然、戦争責任を明確に説明し、被害国の人民に誠実に謝罪し、軍国主義の侵略の歴史を切断すべきだ」と発表し、韓国の朴槿恵《パククネ》大統領も光復節《こうふくせつ》（日本の植民地支配からの解放を祝う韓国の祝日）の演説で「残念な部分が少なくない」と述べています。被侵略国として、侵略国の政府の歴史認識に対し、批判と懸念《けねん》を示したのです。

未解決の戦後補償問題

以上のように、1990年代以降、侵略と植民地支配を肯定する日本の政治家の動きが、だんだんと顕著《けんちょ》なものとなり、現在にいたっています。被侵略国からあらためて「謝罪」を求められる背景には、こうした日本の歴史修正主義の動きがあるのだと言えるでしょう。また、被侵略国の人びとのなかに、戦後補償が誠実になされていないことへの批判が強くあることも忘れてはなりません。

1990年代以降、中国や韓国をはじめとする被侵略国の人びとは、日本が戦時中ないし植民地時代に与えた損害の補償を求める裁判を起こしてきました。日本軍「慰安婦」とされた人びとや、強制連行によって鉱山などで強制労働をさせられた人びと、日本軍が中国に遺棄《いき》してきた毒ガス兵器の被害者など、声をあげた人は多数にのぼります。これらの裁判で日本政府は、一貫して原告の請求は法的に認められる余地がない、としてきました。その理由は複数ありますが、特に重要な点としては、戦後日本と各国の間で結ばれた平和条約によって、戦時中に発生した損害に対する賠償はすでに解決済みである、としてきたことがあげられます。

たしかに、1965年に日韓基本条約が締結《ていけつ》された際に結ばれた「請求権および経済協力に関する協定」においては、請求権問題は「完全かつ最終的に解決された」と明記されていましたし、72年の日中共同声明においても、「日本国に対する戦争賠償の請求を放棄すること」が宣言されていました。したがって、こうした取り決めのあとから戦後補償を請求するのはフェアではない、という意見もよく聞かれます。しかし、韓国政府が主張しているように、「慰安婦」問題をはじめ、協定締結後にあらたに日本政府の関与が明るみに出た事実が存在することは事実であり、それらを消滅した賠償請求権に含めてよいのか、という問題があります（元「慰安婦」の韓国人女性が最初に個人名を出して名乗り出たのは、1991年のことでした）。また、仮に国家間の賠償問題が解決済みであったとしても、個人に対する被害の補償は、別に検討される必要があります。とりわけ、

「慰安婦」問題については、国際連合の自由権規約委員会、社会権規約委員会、女性差別撤廃《てっぱい》委員会などで、被害者個人への適切な補償が必要であると繰り返し勧告されています。当事国の人びとだけでなく、国際社会においても、日本の戦後補償は不十分だとみなされているのです。戦後補償の現状は、戦後70年をへたいまもなお、未解決の問題として継続していると言うべきでしょう。

いま、必要なこと

以上みてきたように、かつて侵略と植民地支配を行った日本が、中国や韓国などの被害国の人びとから謝罪や補償を求められるのには、相応の理由があります。端的に言えば、日本国内において加害の事実を認めない動きが強まっていることと、未解決の戦後補償が被害者の尊厳を脅《おびや》かしつづけていることが、その背景にはあるのです。日本国民の大半に、これら加害行為の直接的な責任はないかもしれません。しかし、かつて日本が犯した過《あやま》ちを直視し、適切な補償を行うことは、現在の日本政府の責任です。戦後生まれの世代であっても、日本の主権者であるかぎり、歴史認識と戦後補償の問題に対して政府がいかなる態度をとるべきか、しっかりと考えていくことが求められます。誠実な謝罪を行い、戦後補償を適切に行ってはじめて、被害国との関係があらたなステージにはいるのではないでしょうか。

参考文献
吉田裕『日本人の戦争観――戦後史のなかの変容』岩波現代文庫、2005年
歴史教育者協議会編『すっきり！わかる　歴史認識の争点Q&A』大月書店、2014年

コラム5

ナショナリズムと平和

李《イ》 恩元《ウンウォン》

「戦後、日本は平和を取り戻した」という話をたびたび耳にします。しかしながら、はたして日本は、本当に平和なのでしょうか。そもそも、平和とは何なのでしょうか。

「平和とは、あらゆる種類の暴力の不在である」と定義したノルウェーのヨハン・ガルトゥング氏は、暴力の形態として「直接的暴力」、「構造的暴力」、そして「文化的暴力」を提示し、「消極的平和」と「積極的平和」という概念を打ち出しました（PartⅠ・2参照）。平和についての、このような積極的な定義づけは、現在の日本社会において浮き彫りになっている2つのナショナリスティックな現象の本質を理解するうえで大きな助けとなります。

その2つの現象とは、第一に、「戦争放棄」だけでなく「戦力不保持」などが定められている日本国憲法第9条を支持しながらも、日米安保体制や自衛隊の強化を容認してきた世論であり、第二に、特定の国籍または民族に対するヘイトスピーチや排斥《はいせき》デモなどにみられるような排外主義《はいがいしゅぎ》です。さらにこれらの2つの現象には、外向きのナショナリズムと内向きのナショナリズムが深く根ざ

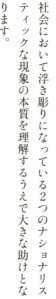

しているようにみえます。
以下では、上述した現代日本社会における２つの現象とナショナリズム、そして平和についてより詳しく検討してみたいと思います。

戦後の日本と平和主義

戦後、日本は、敗戦の廃墟《はいきょ》から高度経済成長を成し遂げ、「経済大国」として国際社会において大きな影響力をもつ国となりました。経済面について言えば、近年はネオリベラリズム（新自由主義）にもとづく諸政策を遂行《すいこう》するなど、資本主義のグローバル化に協力してきましたし、安全保障面で冷戦期には「反共の防波堤」としての役割を果たし、その後も米国を中心とする世界秩序を維持、安定させるため、日米安保体制の強化と自衛隊の活動範囲の拡大などを推進してきました。また規範的には、「民主主義」と「自由」――論者によってさまざまな意味で使われていますが――をうたい、その普遍《ふへん》化にも寄与してきたと言えます。

しかしその一方では、次のような見方もできます。すなわち、戦後日本の経済復興や「国際貢献《こうけん》」というものは、戦争をしない「消極的平和」に貢献したものの、他国民、場合によっては自国民に対する「構造的暴力」（自衛隊員のＰＴＳＤ、沖縄基地問題、所得格差など）を容認する一因でもあった、ということです。

このような「構造的暴力」を、合理化し、かつ放置してきた背景として考えられるのは、国益をより重視する外向きのナショナリズムです。すなわち、国際社会に対するある種の使命感から生じる「国家主義」が先立ち、世界各国の憲法のなかでも先駆的な平和主義を肯定しながらも、戦力の保持を許してしまうという結果をもたらし、また周辺諸国と軍事的かつ経済的に連携《れんけい》する姿勢をみせながらも、国際社会に対し「大国」としての役割を果たそうとする、矛盾した事象を生みだしてきたのではないでしょうか。

日本における排外主義

２０１４年８月、国連人種差別撤廃《てっぱい》委員会において日本が１９９５年に加入した人種差別撤廃条約の実施状況に関する審議が行われました。同委員会は、日本政府に対し、人種差別的な言動に対する法規制を求め、「２０１３年以来、日本において人種差別的なデモやスピーチが３６０件以上行われている」事実を指摘しながら、「外国人やマイノリティ、とりわけ韓国、朝鮮人に対する〔……〕差し迫った暴力の扇動《せんどう》を含むヘイトスピーチが広がっている」ことを懸念《けねん》しました。ヘイトスピーチとは人種や宗教、民族、国籍などにもとづく憎悪《ぞうお》を扇動する言動を指しますが、ここでは、こうした排外主義が「暴力」としてとらえられていることを強調しておきたいと思います。

日韓関係が悪化の一途をたどりはじめたのは、2012年以降のことです。とりわけ韓国の李明博《イミョンバク》前大統領による天皇謝罪要求や竹島（韓国名・独島《トクト》）訪問に触発された、日本における「嫌韓」の感情は、「在特会（在日特権を許さない市民の会）」に代表される保守的な団体によるヘイトスピーチと出版界における「ヘイト本」の増産、そしてインターネット上では「ネトウヨ」と称されるような国粋《こくすい》主義的な現象をさらに加速させました。しかしその一方では、ヘイトスピーチに対する反ヘイトスピーチの動きが広がり、注目を集めました。

「和」を重んじる日本社会において、なぜ排外主義がここまで広まったのでしょうか。その根底には、内向きのナショナリズム、すなわち、各々が帰属している国の歴史や文化から、共同意識としての「われわれ」を創造し、かつ助長する「民族主義」があると考えられます。自国に誇りを抱き、国民としてのアイデンティティをもつことは決して悪いことではありません。しかしながら、行き過ぎたナショナリズムは、国や社会に対する疑問や批判をもさえぎる風潮を生みだします。それは、ファシズムや全体主義の前兆とも言えるでしょう。それに加えて指摘しておきたいのは、これまで人類が行ってきた戦争の歴史が示しているように、「われわれ」の外側にある「他者」への思いやりや寛容の心を失わせてしまうこと、そこにナショナリズムの危険性が潜《ひそ》んでいるということです。こうしたことから、戦争や差別などの暴力を正当化しようとする「文化的暴力」が築かれていくわけです。

韓国のナショナリズム

上に述べた日本における「嫌韓」感情の原因については、視点を変えて考えてみると、韓国の「反日」文化をあげざるをえません。韓国における「反日」を文化と記したのは、その歴史的背景により「愛国」の名のもと、外向きのナショナリズムと内向きのナショナリズムが高揚され、その結果、「わが歴史」の記憶として国民の大多数がその感情を共有していると思われるためです。韓国における「反日」文化についてもうひとつ指摘すべきは、日本に関する諸問題に対してはとりわけ、ある種の被害者意識とその裏返しとしての優越意識が先行して、過剰な自己肯定の姿勢がつらぬかれてきた点です。たとえば、韓国の保守団体である「大韓民国オボイ（父母）連合」は、その過激な反日的パフォーマンスで有名ですが、こうした排他的なナショナリズムも「愛国」を無批判に肯定する社会的風潮に起因するものなのでしょう。また、このような韓国における強烈なナショナリズムが、他国民のみならず自国民に対する「構造的暴力」（徴兵制にともなう人権問題、開発独裁政権下での自由の抑圧、所得格差など）を正当化し、他国に対する「直接的暴力」（ベトナム戦争）をも容認する「大義名分」として用いられてきたことは言うまでもありません。

以上の観点からすると、程度の差はあるものの、日本と韓国は類似した問題を抱えているとも言えます。すなわち、独善的なナショナリズムにより、国家や民族に個人が翻弄《ほんろう》され、暴力にさらされている事実です。さらにこのようなことから推察できるのは、平和は、国家からではなく、一人ひとりの人間の安全を保障することから実現されていくものだということです。これはまさに、日本国憲法の前文に明記されている、全世界の国民の「平和的生存権」の保障が含意する普遍的価値であるとともに、それにまた、今日的意義があるのではないかと思います。

参考文献

メアリー・カルドー『「人間の安全保障」論――グローバル化と介入に関する考察』山本武彦・宮脇昇・野崎孝弘訳、法政大学出版局、2011年

ヨハン・ガルトゥング、藤田明史編著『ガルトゥング平和学入門』法律文化社、2003年

長谷川正安『日本の憲法（第三版）』岩波書店、1994年

4

「武力によらない平和」の可能性

梶原 渉

本書の基本的なスタンスは、「武力によらない平和」の実現であり、そのために日本と世界の歩みをふりかえり、日本の平和と安全保障のあり方を抜本《ばっぽん》的に見直すことです。この場合、どうしても、日米安全保障条約と自衛隊の問題にふれないわけにはいきません。

もちろん、安倍政権が強行した戦争法を廃止するうえで、これら2つの是非は争点となっていませんし、これらを容認する多くの人びとも戦争法を廃止する運動に加わっています。本書の編者は、日米安保と自衛隊への賛否を超えた人びとが力を合わせて、「戦争する国づくり」を止めることが大事だと強く考えています。

問題はその先です。たとえ、既存の安保条約や自衛隊を〝よりまし〟なものにする場合であったとしても、抜本的な見直しが必要でしょうから、その賛否の立場を問わず議論をたたかわせなければなりません。

さらに言えば、安保条約と自衛隊に賛成する人も反対する人も、「戦争する国づくり」に反対するだけでなく、協力できる点があると思われます。安保条約と自衛隊が実際に必要になる事態（つまり戦争）をもたらさず、そのために非軍事的な手段や外交力によってより平和な環境をつくる、という点です。そのための手段や制度は、PartⅢのこれまでの章でみてきました。この章では、この点を中心に考えることをとおして、日米安保や自衛隊のない日本、つまり、「武力によらない平和」実現の可能性を考えてみましょう。

「戦争する国づくり」を止める＝日本を他国の脅威《きょうい》とさせない

まず、戦争法廃止をはじめとする、安倍政権による「戦争する国づくり」を止めることはどういう意味をもつのでしょうか。

これまでみてきたように、戦後の日本は、日米安保条約を結ぶことによって、アメリカの世界戦略に深く組み込まれ、主体的な外交・安保政策の実現が阻《はば》まれてきました。それだけでなく、特に冷戦後のアメリカの世界戦略は、多国籍企業が自由に活動できる市場秩序の維持・拡大が目的であって、自由市場秩序に反発する存在を軍事力で抑え込むことと表裏一体です。このように軍事力（それも世界一！）をちらつかせることが、他国にとっては「脅威」です。これが、大量破壊兵器の拡散や、テロの拡大を生んできました。

冷戦後の日本は、自衛隊を海外に派兵する体制をつくりあげ、アメリカへの軍事協力を広げてきました。安倍政権による「戦争する国づくり」はその完成がねらいです。万が一、日本が「戦争する国」になった場合、アメリカと同様に、世界の平和と安全保障にとって「脅威」となってしまいます。

「戦争する国づくり」を止めること自体が、日本の周辺に安全をもたらしますし、それを強固にするために、自衛隊の海外派兵体制とアメリカへの軍事協力を見直す必要があります。

見直す前提として、戦争法や特定秘密保護法はいったん廃止し、集団的自衛権行使を容認した閣議決定や2

015年ガイドラインは撤回《てっかい》すべきです。沖縄・辺野古《へのこ》への新基地建設も、アメリカ軍のあらたな出撃拠点ですから、普天間《ふてんま》基地の撤去と一体にやめさせなくてはなりません。

そのうえで、自衛隊の縮小、沖縄米軍基地の縮小・全面撤去などが具体的な目標としてみえてくるでしょう。特に、対米関係では、現行の日米安保条約第6条による全土基地方式（PartⅡ・5参照）がネックになってきます。安保条約の廃棄が課題にならざるをえません。

「平和国家」のいいところを広める＝大国の横暴をやめさせる

日本が「脅威」にならないとしても、それだけで平和がもたらされるわけではありません。より広いレベルでの平和構築と一体でなければならないでしょう。

ここでも、活かせる分野が日本にはあります。非核三原則や武器輸出三原則といった、かつての自民党政権のもとではあれ保たれてきた平和的な政策です。武器輸出三原則は、安倍政権によって防衛装備移転三原則となって廃止されたので、これを取り戻さなくてはなりません（コラム2参照）。非核三原則についても、核兵器の持ち込みを今後もさせないように、密約を破棄する必要があります（PartⅡ・7参照）。日本自身のあり方を変えることですから、最初に述べた日本自身が脅威でなくなることと一体で達成されなければなりません。

そのうえで、国連をとおして、国連に集《つど》う多くの中堅国・途上国や、平和運動やNGOなどとともに、核兵器廃絶の具体的な措置《そち》や、武器貿易の厳格な規制を実現していかねばなりません。

ヒロシマ、ナガサキを経験した国にふさわしく核兵器廃絶のイニシアティブを

核兵器廃絶の障害となっているのは、既存の核保有国が、核兵器をなくすための具体的な措置、つまり、核兵器禁止条約の交渉に乗り出さないことです。2015年4月から5月にかけて開かれた第9回核不拡散条約

（NPT）再検討会議では、最終文書が採択されず、多くのマスメディアはこれを「決裂」と報じました。しかし、議論の中身をよくみると、圧倒的多数の非核保有国が、安全保障のためには核兵器は必要という核保有国やその同盟国による主張に対して、人類全体の安全保障にとって核兵器はいらない、そのためには法的に禁止すべきとして譲歩《じょうほ》しなかった結果でした。

日米安保条約や北大西洋条約機構（NATO）など、冷戦後いまだに残っている軍事同盟は、その軍事戦略の中核を核抑止力が占めています。抑止力に頼る国々が核兵器禁止に背を向けています。地球規模での核軍縮・廃絶の課題は、これら軍事同盟の改廃と深くかかわってきます。「武力による平和」の抜本的見直しを、グローバルなレベルで行っていくことでこそ、人類全体の安全保障を実現することができます。

唯一、実戦で核兵器を使われ、アメリカと軍事同盟を結んだ日本は、「核兵器のない世界」を実現し、軍事同盟を世界からなくしていく権利も義務もあると言えます。軍事同盟に属さず、核兵器禁止・廃絶に努力している新アジェンダ連合や非同盟運動といった国家グループとの共同歩調をとるべきです。

紛争拡大の防止に役立つ、武器の禁輸

武器貿易は武力紛争の拡大を助長してきました。現在の武力紛争で多く使われている武器のひとつに、ソ連が開発したAK47という自動小銃があります。苛酷《かこく》な環境でも使用でき、分解清掃も簡単で子どもでも使えること、ソ連崩壊直後に落ち込んだロシア経済を支えるためにロシアが大量に輸出したことなどから、世界各地の紛争地に広がってしまったのです。

日本には武器輸出三原則があったおかげで、他の先進国で形成された軍産複合体ができなかったばかりか、経済的な競争力でも優位に立てました。ほぼ国家だけを消費者とせざるをえない軍事産業は、根本的に非効率だからです。武器貿易の厳格な規制・禁止をとおして、紛争拡大を防ぐのみならず、武器取り引きにまわされていた資金を、貧困の削減や持続可能な開発にまわす展望が開けてきます。

こうした「平和国家」の積極面を、国連などの国際機関をとおして世界に広げることによって、国際機関を世界平和の執行機関に変えることも可能になります。国際連合（国連）に即して言うと、核保有国でもある常任理事国の五大国（アメリカ、ロシア、イギリス、フランス、中国）の軍事力を規制して、中小国やNGOなどの多様な利害を国際政治に反映させやすくなるでしょう。外国軍事基地の禁止、軍事同盟の全廃、通常軍備の軍縮、多国籍企業の活動に規制をかけ公正な国際経済秩序をつくるための取り組みなど、世界平和に資する政策を進めることが求められます。

歴史や領土の問題に向き合う＝アジアの対立構造を終わらせる

さらに、戦後の「平和国家」が十分に取り組めなかった課題を達成する必要があります。サンフランシスコ講和条約を結んだ段階で、領土問題や歴史和解の問題が置き去りにされ、その後の韓国や中国との国交回復においても、解決に向けた措置は不十分なままでした。

領土問題でも、歴史問題でも、国際社会では当たり前とされていることをめざすことから始めなければなりません。民主党政権（2009～12年）がやったような、尖閣《せんかく》諸島や竹島（韓国名・独島《トクト》）、北方領土に、日米安保条約第5条の適用をアメリカに求めることは、国際紛争の平和的解決原則に違反します。南シナ海の領土問題をめぐって、東南アジア諸国と中国が行っている規範づくりの努力を、日本が周辺諸国と行わなければなりません。これを、日本が率先して守ることが、規範の定着につながります。

歴史問題でも同じです。安倍首相のように、侵略の定義はないと言ったり、靖国神社に参拝したりする、植民地支配やアジア・太平洋戦争における日本の犯罪行為を反省しない政治家を厳しく追及する必要があります。

戦後日本が怠《おこた》ってきた、戦争被害への補償に踏み切ってこそ、アジアでの信頼を得ることが可能になります。

領土や歴史に加えて、アジアにある対立構造は、朝鮮半島の核問題です。これについても、2005年9月に6か国協議（中国・日本・韓国・北朝鮮・ロシア・アメリカ）の共同宣言で、朝鮮半島の非核化に向けた措置を各国がとることが合意されています。これを日本は履行《りこう》したうえで、北朝鮮との間に抱えているさまざまな問題を解決すべく、国交回復に尽力し、緊張緩和に向けたイニシアティブをとるべきです。

こうしたことをふまえてはじめて、アジアにおける多国間の安全保障機構をつくる、軍縮を行うという議論を関係国と始められるでしょう。アジアに存在する外国軍事基地、つまりアメリカ軍基地の役割が、真正面から問われざるをえません。日本の自衛隊についても、世界有数の大きさを保ったままではアジアでの軍縮でイニシアティブをとれません。中国や北朝鮮、ロシアに軍縮を呼びかける際に、日本が脅威ではない、他国を攻める意志も能力もないということを示すべく、憲法9条にのっとって、縮小・廃止をめざすべきです。

だれがやるのか――一国だけ、または、政府だけでは無理

以上、日本の安全保障環境をよりよくしていくためには、どこかで、安保条約や自衛隊という、戦後日本の安全保障の根幹であったものを問い直さざるをえません。

それもそのはずで、自衛隊も、日米安保条約も、本当の意味で主権者である国民の意思にもとづいてつくられたものではないからです。外交や安全保障政策に民主的コントロールをかけて、わたしたちの平和と安全を守るといった場合、非民主的な過程でできた制度や政策は根本的に変える必要があります。

アメリカがアジアの国々と結んだ軍事同盟も、その国の国民の意思で結んだものでは決してありません。フィリピンでは、アメリカに都合のよい独裁政権を維持する目的もあって、軍事同盟が結ばれ、米軍基地がおか

れていました。1980年代後半に民主化をむかえた結果、憲法改正をへていったんは国内の軍事基地を撤去させています。日本でも、現在の「戦争する国づくり」にかわる本当の意味で平和を実現する政治を、人びとの力でつくらなければなりません。

また、安全保障環境をよりよくするといった場合、日本一国だけではできません。多国間の協力を強固にしていくためには、その国の民衆どうしの連帯、協力が必要になってきます。政府どうしの仲が悪くても、民間交流や自治体交流でそれに歯止めをかけなければなりません。

世界各国には平和を求めるさまざまな運動があります。日本が、運動の力で安倍政権による「戦争する国づくり」を止め、本当の意味での平和国家としての歩みを始めることができたら、そうした運動を励《はげ》まし、その国の対外政策を平和的な方向へ変える力になるでしょうし、また、励ますような取り組みをしなければなりません。「戦争する国づくり」を止め、「武力によらない平和」へあらたな一歩を踏みだすことは、アジアと世界に平和をもたらす重要な意義をもつという自覚が、わたしたちに求められています。

参考文献

伊藤和子『人権は国境を越えて』岩波ジュニア新書、2013年

都留重人『日米安保解消の道』岩波新書、1995年

美根慶樹『国連と軍縮』国際書院、2010年

渡辺治・和田進編『平和秩序形成の課題（講座　戦争と現代5）』大月書店、2004年

5

世界に学ぶ 近隣諸国との平和のつくり方

真嶋麻子

冷戦後の世界では、国家どうしの武力紛争よりも、ひとつの国のなかでの武装勢力どうしの対立やそれが国境を越えて甚大《じんだい》な被害をもたらすことが深刻になっています。毎年、世界の武力紛争の状況を調査・公表しているスウェーデンのウプサラ大学のデータによれば、２０１４年現在の進行中の武力紛争は40件で、そのうちの26件が国内で発生し、13件は国内紛争が国際化したもの、残りの1件が国家間の紛争です。いわゆる「イスラム国（ＩＳ）」をはじめとする国境をまたぐテロリストの報道を耳にしない日はないほどに、非国家主体がかかわる武力紛争が多発しているのが近年の特徴です。

しかし、目を東アジアに転じてみると、非国家主体という脅威《きょうい》よりも、国家間の不信が根強く残り、それが地域の平和にとっての脅威となっています。中国、韓国、北朝鮮とそれぞれに対立を抱えている渦中《かちゅう》にいるのが日本であり、政府の発表した「国家安全保障戦略」（２０１３年12月に閣議決定）においても、日本の安全保障にとっての脅威は中国や北朝鮮であるとの見方がつらぬかれています。その意味で、国家間の潜在的対立を武力紛争へいたらしめないという課題は日本にとって喫緊《きっきん》のものですが、現実には東アジアには国家どうしの不信を取り除く協調関係が十分に発展しているとは言えません。そこで、世界の国々や地域における取り組みの例から、日本を含む東アジア地域の未来にとっての参照軸を探ってみましょう。

国家と国家の間の「信頼」

本書の別の章でも、国際社会における紛争解決の方法が説明されていますが（PartⅢ・2参照）、ここでは、武力紛争を未然に防ぐ仕組みに着目します。第二次世界大戦ののちに発足したユネスコは、「戦争は人の心の中で生まれるものであるから、人の心の中に平和のとりでを築かなければならない」と格調高く始まる憲章を基礎とし、紛争の根本要因として「信頼」「不信」に着目しています。国際政治においては、信頼（あるいはその欠如）は、国家間の関係を決定づける重要な要素であるという見方も根強くあります。国際政治には、単一の政府は存在せず、それぞれの国家を統制することは容易でないため、他国の行動に対して疑心暗鬼《ぎしんあんき》になりがちだという事情が背景にあります。その不信をぬぐうための代表的な方法が外交交渉ですが、ここでは、武力衝突を避けるために「信頼醸成《じょうせい》」の制度が発展してきたことを紹介しておきましょう。

「信頼醸成措置《そち》（Confidence Building Measures）」とは、対立している諸国家間において、軍事情報の交換、軍事予算削減、軍事演習の事前通告、防衛交流、国境付近における非武装地帯の設置、首脳間のホットラインの敷設《ふせつ》など、お互いの安全保障政策に関する情報を公開・交換することをつうじて、相互の脅威を低減させることを言います。たとえば、グローバルなレベルでは、国際連合（国連）には武器の輸出に関する登録や報告をつうじて、各加盟国の軍事情報に透明性をもたせる仕組みがあります。

その一方で、信頼醸成のための措置として注目されてきたのは、むしろヨーロッパやラテンアメリカ、東南アジアといったそれぞれの地域レベルでの制度でしょう。武力紛争が一足飛《いっそくと》びに地球の裏側にまで影響をおよぼす可能性よりも、地域のレベルでの相互不信のほうが安全保障上の脅威としては現実的であり、近隣諸国との間の信頼を醸成する必要があったためです。

冷戦期のヨーロッパ

このような意味での信頼醸成という概念が考案されたのは、冷戦下のヨーロッパにおいてでした。国際社会が米国を中心とする西側と、ソ連を中心とする東側とに分断されていた時代に、東西両陣営の諸国がそれぞれ加入して、軍事的な対立緩和をめざして設立されたのが全欧安全保障協力会議（CSCE、現OSCE）であり、信頼醸成という考え方はその発展プロセスのなかで生まれました。CSCEで採択された「ヘルシンキ宣言」（1975年）において、軍事演習の事前通告およびオブザーバーの交換が軍事情報を透明化するための具体的な措置として組み込まれました。信頼醸成を制度化することに、北欧諸国のような大国間の対立の狭間にある中小国からの関心が高かったことは重要です。中小国の安全は、軍事情報の透明性の確保や軍備縮小をつうじて強化されるという発想の表れだからです。

北欧諸国は、CSCE以前から独自の協力の基盤のうえに、地域としての安全保障を模索《もさく》してきたという点でもユニークです。この場合の北欧諸国とは、スウェーデン、フィンランド、ノルウェー、デンマーク、アイスランドを指しており、それぞれの国の議員代表で構成される「北欧会議」や文化・スポーツなどの団体の国境を越えた協力関係を構築してきた歴史をもっています。冷戦期においても、中立・非同盟政策を掲げて、平和と安全を模索してきました。たとえば西側軍事同盟である北大西洋条約機構（NATO）に加盟する際にも、ノルウェーは、外国軍の基地を自国領内に設置せず、核兵器の持ち込みを禁止するという条件をつけて、ソ連を不必要に刺激しないという戦略をとりました。また、フィンランドは、ソ連との友好協力相互援助条約を締《てい》結《けつ》していましたが、他の北欧諸国との関係悪化を防ぐためにソ連に対して軍事的に自立する姿勢を最大限に示してきました。冷戦下で競合する諸国との相互不信の種をできるかぎり取り除き、中小国で構成される北欧地域の安全を確保しようとしてきたのです。なお、この地域には、政府間の協力関係のほかにも、非核兵器地帯への要求や反核兵器の集会を通じた平和運動も根強く、「平和」の構築に重層性があることも特徴です。

ラテンアメリカ、東南アジアの例——大国に対峙するなかで

ラテンアメリカ地域は、21世紀にはいってからますます、「北の巨人」アメリカ合衆国との関係を維持しつつも、地域としてのまとまりを強めているようにみえます。かつては「アメリカの裏庭」とも言われ、軍事体制や権威主義体制という民主主義の危機と、累積債務問題という経済危機はラテンアメリカ地域と切り離せませんでした。しかし、冷戦体制の崩壊後、アメリカの政策転換と重なって、安定的に民主主義体制を存続させるための地域的な協力関係が生まれることとなりました。そのなかでも着目すべきは、地域協力がアメリカという外的要因にのみ後押しされたのではなく、アルゼンチンやブラジルなどの域内の主要国間の関係の改善によって徐々に進展してきたという点です。たとえば、軍事政権がアルゼンチンで１９８３年に、ブラジルで１９８５年に終了するまでは、両国は原子力開発でも競合し、国際的な核不拡散体制をも拒絶していました。民主化後に両国の対話が再開され、１９９１年には相互査察のための計量管理システムが立ち上げられるなど、信頼醸成に向けた措置が重ねられ、１９９４年には「ラテンアメリカ及びカリブ核兵器禁止条約」（１９６８年発効）も受け入れることになります。当初は経済協力から始まった「南米共同体」の形成も、最近ではその内

部に南米防衛評議会を設置しています。２００９年にはコロンビア内の基地利用をつうじたラテンアメリカ地域への介入をめぐりアメリカを指弾したことなどは、地域の安全保障にかかわるあらたな域内協力の芽生えとして着目しておきたいことです。

最後に東南アジア諸国連合（ＡＳＥＡＮ）についてです。ＡＳＥＡＮは現在でこそ東南アジア10か国をメンバーとしていますが、そもそもは１９６７年に地域における反共産主義の防波堤の役割を期待されて発足した地域機構です。アメリカの冷戦戦略に組み込まれた地域であり、同時に隣国には中国という巨人を抱える地域です。ＡＳＥＡＮが積み上げてきた安全保障政策は、小国が国際関係の狭間《はざま》を生き延びる方法として大いに学ぶ価値があります。たとえば、地域のなかで紛争を招かないように一部の加盟国どうしの防衛協力を回避し、平和的共存を模索してきました。１９９６年以降、ＡＳＥＡＮ地域フォーラムの枠組みで年次ごとの安全保障ペーパーの提出、各種会合の促進を約束するという信頼醸成措置をとるようになってから、２００６年にＡＳＥＡＮ諸国の国防相会議が開催され、ゆっくりと安全保障共同体への歩みを進めています。こうした東南アジアの域内協力に加えて、中国との関係では、たとえば「南シナ海における係争当事者間の行動宣言」（２００２年）の合意にこぎつけるなど、会議外交で一定の成果を出しています。中国との間の「衝突」がなくなった、と言うには程遠いのが現状ですが、ＡＳＥＡＮが主導する外交の場に中国を引き寄せ、紛争の平和的解決にともかくも合意させるという手法は、強大な脅威に対する小国の対応の知恵として、日本にも参考になるところがありそうです。

信頼醸成をささえる土壌

以上のように、国際政治において「信頼醸成」という概念は、軍事情報を透明化して国家間にある不信を低

図　世界の非核地帯と核兵器の数

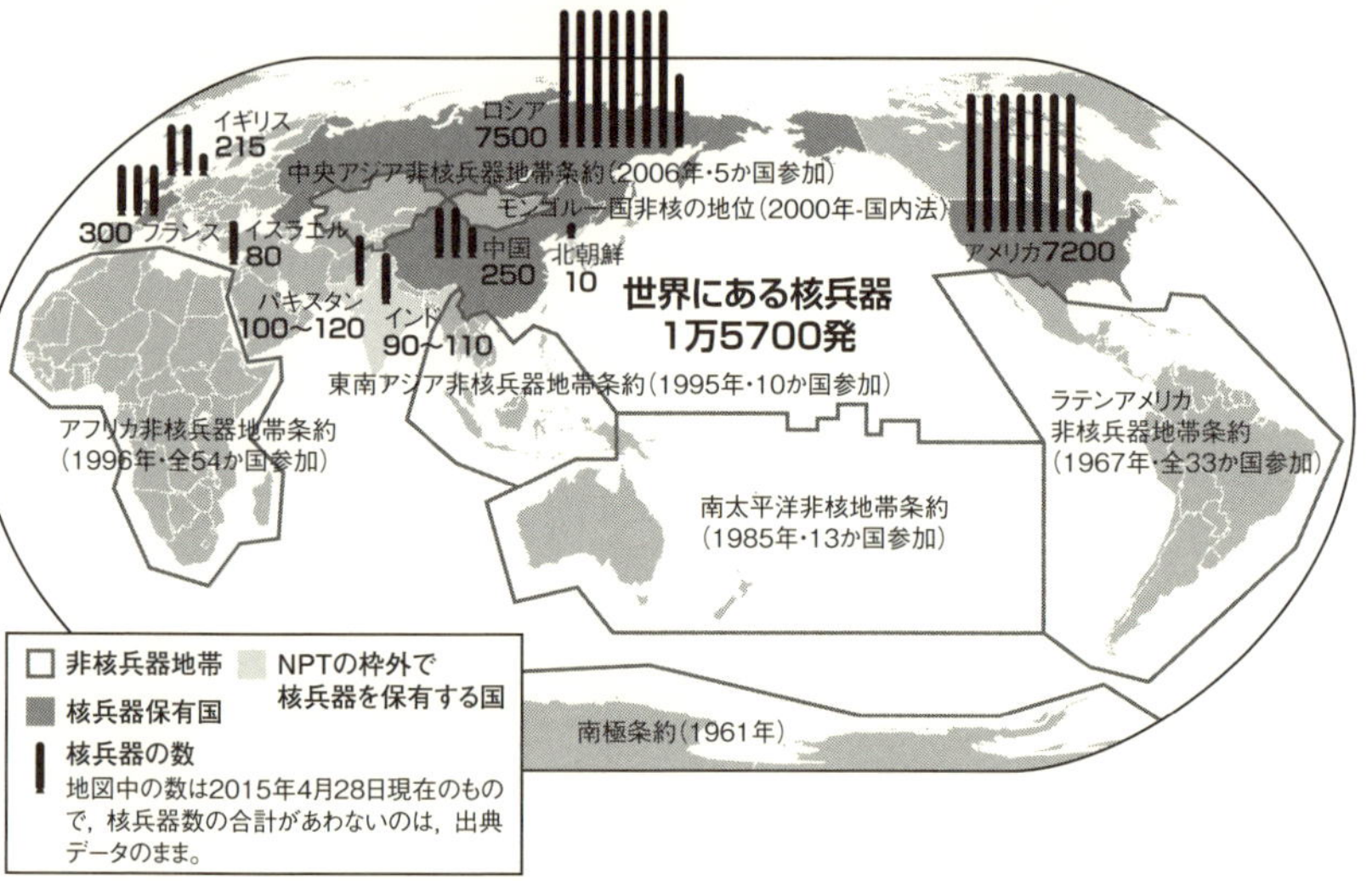

（出典）『原水爆禁止2015年世界大会・学習パンフレット』（原水爆禁止日本協議会，2015年）をアメリカ科学者連盟のデータにより一部修正。

減させるという特殊な意味合いで用いられてきました。きわめて技術的かつ専門的にみえる措置ですが、実は、大国間の政治力学の狭間で生き延びるために中小国の政府や人びとが確立した生存の術《すべ》とみなすことが可能でしょう。

また、軍事情報の公表・交換という狭義の信頼醸成は、平和の維持のための重層的な安全保障政策にささえられてもいます。その代表的な例は、それぞれの地域のなかで締結される条約にもとづいた非核兵器地帯の形成です。非核兵器地帯とは、核兵器の開発、製造、取得や配備のみならず地帯内の国家に対する核兵器の使用や威嚇《いかく》を禁止することを相互に約束した領域のことですが、図に示したように、現在までにラテンアメリカ、南太平洋州、東南アジア、アフリカ、中央アジアへと広がりをみせています。おもしろいのは、非核兵器地帯もまた、冷戦期の核戦争および核実験の脅威から地域を防衛するための中小国のアイデアから出発したという事実であり、それをささえたのは反核運動であったことです。通常、軍事は国家の専売特許だと考えられており、狭義の信頼醸成措置を生かすも殺すも基本的には国家の政治的意思次第です。けれども、そうした国家間の信頼の欠如を取り除くための多様な方法に考えをめぐらすとき、それは国際政治においてさほど大きな影響をもつはずがないと考えられている周辺地域や彼らと結びついた人民の運動の影響が、たしかに投影されていると理解することができます。

こうしてみてくると、日本と近隣諸国との関係の改善のための方法は、多様に存在することがわかります。信頼醸成は多分に軍事面での専門性に依拠した方法ですが、その根底には、軍事的な脅威（および脅威となりうるもの）を徹底的に低減させるという発想があることは、日本が東アジア諸国との関係を構築していく際にも必要な視点ではないでしょうか。同時に、かつての侵略国・ドイツがそうであったように、近隣諸国やそこに生きる人たちからの信頼を獲得するためには、侵略の歴史を直視して未来に向かう関係を再構築することが必要となるでしょう。

参考文献
梅林宏道『非核兵器地帯——核なき世界への道筋』岩波書店、２０１１年
小柏葉子・松尾雅嗣編『アクター発の平和学——誰が平和をつくるのか？』法律文化社、２００４年

6 ジェンダーからみた安全保障

——二元論を超えて

奥本京子

はじめに——「ジェンダー」と戦争の関係

「ジェンダー」——「女らしさ」や「男らしさ」につきまとう役割や責任の差——という概念を介して、戦争の問題や安全保障について考えることは重要です。そしてこれは、「女性はより平和的な性であり、男性はより暴力的である」といった単純な話ではありません。人間の社会は、実に多様な性によって構成されており、平和的そして暴力的な要素が複雑に混在しているのです。

まずは、用語の整理をしておきましょう。一般的には、自然な性差としての「セックス」に対し、「ジェンダー」とは文化的・社会構造的性差と説明されています。しかし、自然であるととらえられてきたセックスとしての男性・女性の分類には、無理があることがすでに証明されています。生物学的にみれば、性器や性染色体の構造を基準に単純に二分化することは人間の実態にあてはまらないのです。これらの性差の問題も含んで、社会と性のあり方を深く検討するのが、ジェンダー・スタディーズです。上記のように、ジェンダーとは、一般的に受容されている「女らしさ」や「男らしさ」などの概念に与えられる、役割・責任・社会的期待に関する差・違いを意味します。わたしたちの社会では、これらの違いが無批判に受け入れられ、あらゆる局面で男女のあり方を二項対立でとらえようとする現状があります。

ジェンダー・スタディーズに加え、平和学では、戦争システム——戦争を支える制度や社会構造——と性の問題を、次のように考えます。すなわち、男性優位を肯定する家父長《かふちょう》制度という権威的・抑圧的・差別的なシステムに支配されたわたしたちの社会は、主に、歴史・政治・経済・軍事・文明などの中枢に君臨《くんりん》し「戦う」男性性《だんせいせい》が、周縁に追いやられ受動的で弱く「従う」ことを強要される女性性《じょせいせい》を抑圧することによって、暴力的な構造を維持し、究極的には戦争を可能にするというわけです。

ジェンダーをめぐる社会の実態

読者のみなさんには、「女性も社会進出しているし、うちの家庭では父親より母親のほうが（あるいは、夫より妻のほうが）力をもっている」と感じる人もいるかもしれません。また、日本政府は声高《こわだか》に女性の社会進出をうたっており、それを受けて、２０１５年2月の経団連によるはじめての女性役員の登用や、翌月のトヨタにおけるはじめての外国籍女性の役員就任などが、ニュースになっています。社会の表層においてはこういった情報がもてはやされ、あたかも男女平等が実現しているようにみえるかもしれません。

しかし、『エコノミスト』誌によれば、２０１５年の国際女性デー（国連が定めた3月8日）に発表された、職場における男女平等を示す「ガラスの天井」指数は、ＯＥＣＤ加盟国で算出可能な28か国中、日本は、最下位の韓国に次いで27位でした（http://www.economist.com, ２０１５年3月7日）。この指数は、実際の教育、労働参加率、給与、育児費、出産する権利などの評価をもとに算出されており、社会の実態について楽観的ではいられないことを示します。いまだ、「妻」が子育てを全面的に行い、「嫁」や「娘」が老人の介護をにない、「主人」たる「夫」が深夜遅くまで働く近代日本社会の構図は根本的に変わっていません。ここには、ジェンダーが大きくからんでいます。家庭・教育・政策・意識においてのみならず、この実態は、戦争や安全保障に注目するときも、やはり重視する必要があります。

「暴力」をとおしてみるジェンダーのあり方

ジェンダーの視点は、わたしたちの世界における戦争と安全保障の関係に対して、新しい見方を提供します。加えて、「暴力」という概念をとおしてみると、社会の構造がよくみえてきます。

ベティ・リアドン氏らのフェミニスト平和研究者は、戦争は男性性を基盤とした暴力的システムによってつくりだされる、と考えます。歴史・政治を学べば、世界の戦争のほとんどが男性中心的価値基準によって起こっていることがわかります。また、男性性における攻撃性は、往々にして肯定的にとらえられてきたことも事実です。暴力には、加害者の明確な「直接的暴力」、加害の意図が不明瞭な「構造的暴力」、それらを正当化する「文化的暴力」などがあります。暴力的な男性性とは、こういったさまざまな要素がからみあって成立しているのです。また、家父長制がささえる軍事主義(ミリタリズム)は、武力で紛争を解決することで既存の秩序を維持し、それを安全保障の手法とします。

これに対し、女性は、暴力の被害者として指摘されることが多いでしょう。戦時性暴力は、深刻な人権・生命・尊厳の侵害であり、過去だけではなく現在・未来の問題です。軍基地の周辺に存在する性産業に従事する女性たちへの性暴力もまた見逃せない社会問題です。性をめぐる暴力は、さまざまにかたちを変えて女性たちを傷つけます。一方で、女性性は「平和」と結びつけられることも多く、穏《おだ》やかで慈《いつく》しみにあふれた女神のイメージで語られたりもし、母性や慈愛《じあい》といった、いつでも優しく寛容に許してくれる「都合のよい」存在とされてしまうことも多々あります。

二項対立でジェンダーをとらえることの問題性

戦争システムの問題は、男性性の暴力を否定し女性性の平和的要素を増大させるといった議論、あるいは、抑圧された女性を解放し男性と平等に扱うといった議論によって解決するほど、単純な問題ではありません。男女平等の点から言えば、（さらに多くの女性に自衛隊で働く機会を与えるなど）女性にもっと力（武力・政治力・経済力など）を与え男性から力をうばえば、解決するでしょうか。これでは、ただの力の反転――状況をひっくり返したにすぎない――、もしくは暴力を肥大化させるだけで、戦争の問題の解決にはならないでしょう。

また、歴史のなかで、女性が常に犠牲者あるいは平和の支持者であったかというと、そうではありません。戦争システムのなかに取り込まれ、権威に従順にあるいは主体的・熱狂的に戦争を支持し、協力した女性たちも大勢いました。これらの女性は、戦争の構造的暴力――行為者には強い意図のない、戦争暴力の一側面――に加担したのです。若桑《わかくわ》みどり氏によれば、そういった女性たちは、戦争において「チアリーダー」の役割を果たしました。戦う男性を見守り、応援・歓呼し、戦死者を母・妻・娘として鎮魂《ちんこん》するのです。

現代は、格差・孤立化を招く経済、強く広く行使される軍事、狭量・不寛容な外交や報道などが次々と展開し、あらゆる局面において大きな力が暴走しています。こうした力は、白か黒か、敵か味方か、といった二項対立的発想を助長します。ジェンダーの視点を持ち込めば、このような社会における男性性と女性性も、二項対立的にとらえられていることがわかるでしょう。

二項対立的発想から抜け出すために

既存の伝統的な軍事主義による安全保障にかわる、非暴力主義による安全保障をめざすには、また、平和で人権が守られる社会、問題を解決する能力のある社会、多様な性が安心して協力・共生する社会をつくるには、どうしたらいいでしょうか。それには、二元論的発想から抜け出し、多様な価値を包摂《ほうせつ》する社会へと変革することが大事です。いますべきことは、ものごとの表層的な理解にとどまらず、さらに深いところにある「コンフリクト（葛藤《かっとう》・対立・紛争）」を顕在化《けんざいか》させることです。

コンフリクトとは、平和紛争学において、人間社会を平和的手段によって転換するための恰好《かっこう》の契機だとされます。コンフリクトは、複数の思想・感情をもつ個人内において、また、個人・グループ・国家・地域等の多様なレベルの複数の当事者からなる集団において発生します。当事者がそれぞれに目標を保持し、目標と目標の間で矛盾があるとき、コンフリクトが発生するのです。武力化したコンフリクト（武力紛争）は暴力であり、コンフリクトの平和的転換に失敗したとみなされます。反対に、平和とは、コンフリクト転換の成功した結果とそこにいたる過程を指します。コンフリクトのすでに表面化している直接的な対立の部分を認識することと同時に、より大きないまだ可視化できない潜在的な要因を探知し、取り組むことが重要です。ものごとのコンフリクトとしての本質あるいは深部が隠されてしまう危険性を回避するため、徹底的に対峙《たいじ》することは大切です。

コンフリクトが表面的理解にとどまると、たとえば女性の社会進出をうながし、その実現可能性を声高に広報し男女平等を標榜《ひょうぼう》していても、実際の家父長制による社会構造・文化に切り込まず放置することなどが起きるでしょう。この場合、根源的なコンフリクトの解消のためには、多様な性のあり方を認識・包摂し家父長制を克服するための、さまざまな取り組みを実践していくことが必要で、特に教育は重要な役割をにないます。

戦争システムをささえる家父長的価値を克服し、社会における本来の安全保障（セキュリティ）を確実なものとするには、性差をめぐる二元論を克服することが必要です。保護する者（男性性）と保護される者（女性性）の二分法にもとづく軍事的安全保障の発想を乗り越えるために、性をめぐるコンフリクトの所在を明確にし、転換することによって、すべての人びとにとっての（武力によらない）平和を基盤とした安全保障を導くことができるでしょう。

批判的に思考するアクターの必要性

性差をめぐる二元論を克服する際、女性やマイノリティとされる性を自認する人びとの社会的役割は何か、をも問うてみましょう。ただ、女性（あるいは性的マイノリティ）と言っても、階級、民族、年齢、宗教、国・地域などの属性は多様であり、ひとくくりにできるようなものではありません。多くの側面をもつわたしたち一人ひとりを、単純に女であるか否かでのみ分類すること自体が、ある意味、暴力的な発想であると考えます。

その前提で、先ほどの問いに答えるとすれば、女性や性的マイノリティの人たちの社会的役割は、歴史的被抑圧者としてのそれであると言えるでしょう。そこには、支配・抑圧的な役割をになってきた性に属する人たちには感知しえない、非暴力・平和創造の可能性があります。ただし、ある人が、性的属性についてはマイノリティであっても、それ以外の属性においてマジョリティであることは起こりえます。実際、女性であっても、裕福な階層に生まれ育ち、その社会の中心的な位置にいる民族に所属する人は、多くの既得権をもち、マジョリティの立場に立つことがあります。その意味で、その人は構造的暴力や文化的暴力を課す側に陥《おちい》る可能性は常にありますから、わたしたちは慎重に自戒《じかい》しつつ、コンフリクト転換の作業を進めねばならないでしょう。

よって、女性や性的マイノリティであれば、自動的に、平和の仕事ができるというわけではありません。男性にはコンフリクト転換の仕事は向かない、というのもまた二元論的思考に囚《とら》われた不自由な発想です。さらに、女性や性的マイノリティがその独自性ゆえに珍重《ちんちょう》されるだけではなく、根源的にはやはり「人間」として、思考・行動する主体として尊重されなければ、結局、二元論にからめとられたままにとどまるでしょう。

わたしたちは思考するアクター（行為主体）として、批判的精神をもちつづけ、性差を含む人間の多様性を認識し、相互に補完しあいながら進んでいきましょう。コンフリクトを転換するためにはトレーニングと教育が不可欠で、いろいろな試みがなされています（たとえば、東北アジア地域平和構築インスティテュート http://www.narpi.net）。そこでは、市民社会・ＮＧＯが主体となってネットワーキングし、二項対立的発想から脱却し平和的社会変革のための実践的なトレーニングを提供します。参加者は、創造性と共感を育成し、ワークショップ形式によるロールプレイなどを用いて技術の訓練をし、父権的・暴力的な枠組みから自らを解き放つ努力をするのです。いまの時代に、平和的手段による安全保障が可能であることを示すためには、二元論を超えて自由に行動するアクターが大勢必要です。

参考文献
シンシア・エンロー『策略――女性を軍事化する国際政治』上野千鶴子監訳・佐藤文香訳、岩波書店、２００６年
岡野八代『フェミニズムの政治学――ケアの倫理をグローバル社会へ』みすず書房、２０１２年
ベティ・リアドン『性差別主義と戦争システム』山下史翻訳、勁草書房、１９８８年
若桑みどり『戦争がつくる女性像――第二次世界大戦下の日本女性動員の視覚的プロパガンダ』筑摩書房、１９９５年（ちくま学芸文庫、２０００年）

7 わたしたちの平和と安全保障を選ぶために、やらなければならないこと

編　者

ここまで、日本の平和と安全保障の問題を、①いま何が起きているのか、②戦後70年間何があったのか、③平和な未来のために必要なことは何か、の3つに分けて考えてきました。最後のこの章では、安保法制（以下、戦争法）ができたもとで、「戦争する国づくり」にかかわる平和と安全保障のあり方を、わたしたち一人ひとりが考え選びとるために、やらなければならないことを考えてみましょう。

戦争法を廃止する運動を広げよう

まず真っ先にやらなければならないことは、戦争法を廃止し、2016年の参院選後に安倍政権がねらう明文改憲を止めることです。そのために、どのような行動が必要でしょうか。

ひとつめは、戦争法や安倍政権の外交・安全保障政策の問題点や具体的危険性をもっと多くの人に知っても

らうことです。戦争法案をめぐる世論は、どの調査でもおよそ、戦争法案に反対が約6割、戦争法案が提出された通常国会の会期中に採決をすることに反対が約8割でした。戦争法案の内容よりも、それがつくられようとした強権的な手続きへの反発が大きかったと言えます。「国会で通ったものは、しかたがないのでは？」という声が広がっていくかもしれません。そのように感じる人びとに対して、戦争法で自衛隊がどのような戦争に参加するのか、それが日本と世界の平和にとっていかに危険かを伝えていくことが大事です。

2つめは、戦争法案反対運動で示されたさまざまな共同を大事にするということです。その中核をになった「総がかり行動実行委員会」は、さまざまな潮流に分かれていた日本の平和運動が力を合わせてできました。この共同があったため、学者、学生、女性、法曹《ほうそう》、宗教者など、幅広い市民の立ち上がりが可能になりました。だからこそ、当然、日本の安全保障の将来像については、意見の違いがあります。違いを前提に、戦争法廃止をはじめ協力できる点での行動を積み重ねていくということです。

3つめは、「戦争する国づくり」にかかわる平和のビジョンを示すことです。戦争法案反対に立ち上がった人も、立ち上がっていない人も、多くの人には世界と日本の平和の行く末について迷いや模索《もさく》があります。この本では、「武力によらない平和」という観点からビジョンを示すことを試みました。異なる立場からのさまざまなビジョンがありえますが、運動のなかで議論することが大事です。

“Think Globally, Act Locally”

戦争のない状態、また、戦争をもたらすような構造をなくすには、市民一人ひとりが行動しなければなりません。市民が平和的な政策を求めつづけていくことで、政府や国家は平和の実現に取り組むのです。また、日本の平和と安全は、日本一国だけでは実現不可能です。わたしたち一人ひとりに、世界的な視野で平和や安全保障の問題を考え（Think Globally）、自分がいる地域や国に即して行動する（Act Locally）ことが求められます。

そして、自国の政府が戦争の方向へ向かわないか、常にチェックする必要があります。というのは、戦争法を「平和安全法制」と安倍政権が名づけたように、「平和」それ自体は普遍的な価値をもつため、実際には戦争へ向かう政策であっても、「平和」という言葉で政府がカモフラージュすることは十分にありえるからです。チェックするときには、この本で学んだことがきっと役に立つはずです。

「真の平和」を見極めるためには、戦争の真実を深く理解する必要があります。戦争についてわたしたちがまず知らなければならないのは、近代日本のアジア侵略が引き起こした戦争の歴史です。まえがきでも紹介した歴史教育者協議会編『すっきり！わかる　歴史認識の争点Q＆A』（大月書店、二〇一四年）のほかにも良質な書籍はたくさんあります。

本だけではなく、自治体や大学が運営している戦争や平和にかかわる博物館・資料館を訪れ、自分で見たり聞いたりすることも有益です。広島や長崎、沖縄の平和資料館では、原爆投下や沖縄戦の実態を、豊富な資料や証言をとおして知ることができます。歴史教育者協議会編『増補　平和博物館・戦争資料館ガイドブック』（青木書店、二〇〇四年）などを参考に、全国各地の博物館や資料館を訪れてみてください。

ただし、日本がかかわった過去の戦争は、現代の戦争とは性格が大きく異なります。今後、戦争法によって自衛隊が参加・協力することになるのは、グローバル化が進んでから起きている地域紛争や、対テロ戦争にみられるようなアメリカなど大国による軍事介入です（PartⅠ・5参照）。これらの実態も知る必要があります。

平和と安全保障をめぐる問題を自分で見極めよう

そこで、読者のみなさん一人ひとりが、平和と安全保障をめぐって世界で何が起きているのか、日本がどのような位置にあるのかを見極められるようになることが大事です。

マスメディアに対するリテラシー

新聞もテレビも、規模が大きくなればなるほど、営利企業としての性格を強くもつようになります。メディア自身が少数派だとみなすような存在（日本国内において、沖縄はその最たるもの）はあまり報道しませんし、世界情勢について、アメリカなど先進国の観点からの報道がどうしても多くなりがちです。

他方で、マスメディアの内部には、戦争の実態、それをもたらす構造的な問題を社会に知らせたいと努力する記者や編集者もいます。そのような人びとを励《はげ》ますことも大事です。新聞への投稿はひとつのやり方です。

主流のものの見方とは異なる観点を

マスメディアから戦争や武力紛争の情報を得づらいのは、安全確保のため、紛争地帯に社員である記者をあまり派遣しないという実情もあります。そこで、重要な役割を果たしているのがフリージャーナリストです。本書の執筆者である志葉玲《しばれい》さんはまさに日本における戦争報道の代表者のひとりです。フリージャーナリストの本や報道写真展にふれたり、それらのウェブサイトを閲覧したりすることで、現代の戦争の実態を知ることができます。

日本の中央政治と異なる視点を得るには、地域に根ざす地方紙が欠かせません。沖縄の2紙（『琉球新報』と『沖縄タイムス』）は、辺野古《へのこ》への新基地建設反対運動などを詳細に報じており、インターネットでも読めます。企業からの広告料に頼らない独立メディアや、戦争や平和の問題に取組むNGOからの情報も有用です。アメリカのデモクラシー・ナウは日本語版がインターネットで読めますし、日本でもIndependent Web Journal（IWJ）やOurplanet TVなどがあります。NGOも独自に、さまざまな新聞やパンフレットを発行しています。これらからの情報を得て、会員になったりSNSで拡散したりすることもできます。

大学で何をどう学ぶか

読者のみなさんのなかには、平和や安全保障を学べる講義やゼミをとる人もいるかもしれません。ただ、直接に平和に関連する講義やゼミをとらない場合でも、基本的な学問のスキル――本を読んだり、資料を探したり、レポートや論文を書いたり、ゼミで発表したりする――を身につけることが大事です。平和や安全保障に関する情報は、主に政府から出されます。それを検討するには、出所をつかみ、他の情報と突き合わせる作業が必要です。この次に述べる、平和の声と行動を広げる際にも、書いたり発表したりするという表現の技術が生きてきます。

また、歴史や思想など、人文社会科学も大切にしてほしいと思います。戦争や武力紛争は、自然科学のように、実験室に隔離して特定の条件下で反復することのできない1回きりの現象です。歴史をふりかえって、似たような事例や異なる事例を比較することで、その原因や背景にせまることができます。

平和とは、戦争とは、暴力とは何かなど、哲学的に突きつめて考えることも、未経験の事態が起きた場合に役立つでしょう。平和と安全保障をめぐっては、社会主義圏の崩壊など、予想もしなかったことがたびたび起こってきました。いわゆる実学とはされない思想や哲学を学ぶ意義はここにあります。

平和の声と行動を広げ、社会や政治を変えていくこと

主権者として「政治家まかせ」にしない

「武力によらない平和」を実現するにしても、その前段階として戦争法を廃止するにしても、それらを実現する政治をつくらなければなりません。平和を望む声と行動を政治に反映させるということです。

日本は「国民主権」の国です。この国の政治の「主役」は、わたしたち一人ひとりなのです。２０１６年７

月の参議院議員選挙から、18歳からでも選挙権を行使できるようになります。いままで述べたノウハウを駆使して、自分の住んでいる地域から選ばれた議員がどんな意見をもっているのか、国会でどんな行動をしてきたのか、同じ選挙区の対立候補はどういう政策をもっているのか、よく調べ考えて投票しましょう。

平和の思いや願いを社会に広げよう

選挙での投票は、わたしたちにとって最大の政治参加の手段ではありますが、同時に、あらゆる政策についての「白紙委任状」ではありません。選挙で選ばれた政治家が、憲法に反することや、おかしなことをしようとしたときには、それをただす責任がわたしたち主権者にはありますし、選挙権をもっていなくても、反対の意思を示すことは政治を変えるうえで重要です。

戦争法案反対運動では、憲法違反の法案の強行採決を阻止しようと、多くの人びとがデモに立ち上がりました。国会周辺は１９６０年の「安保闘争」以来55年ぶりに、抗議する市民で埋め尽くされ、テレビが生中継するなどマスコミも大きく報道しました。国会周辺だけでなく、デモは全国各地で行われました。

こうした市民の行動に押されて、国会のなかでは、野党が法案成立を阻止するために最後まで力を合わせました。戦争法成立後も、暴走する安倍政権から立憲主義や平和主義を守るために、２０１６年7月の参議院議員選挙では野党が共産党も含めて「選挙協力」しようという議論も始まっています。これは、戦争法案反対運動の以前には考えられなかったことです。主権者の行動が、現実に政治を動かす力となっているのです。「おかしい」と思ったら立ち上がることを続けていくことが必要です。

みなさんも、「戦争する国づくり」に反対するさまざまなデモや集会、イベントをTwitterやFacebookなどで探し、ぜひ参加してみてください。平和について同じ思いをもつ人との出会いを通して、本書で学んだことを深められると思います。

そして、本書で学んだことや、デモなどに参加して感じたことを家族や友人など身のまわりに話すことから始めてみましょう。自分が普段生活する地域や学校で、デモや学習会などのイベントを開くことにもチャレンジしてみてください。いろいろなスタイルややり方があるので、ノウハウも含めて、自分が参加していいと思った行動やイベントのまねから始めませんか。よいものはそのまま広げればいいのですから。

戦後70年間、まがりなりにも続いてきた日本の平和を、次の70年間も続けさせるための方向性を、本書で考えてきました。平和を願う人びとの「不断の努力（日本国憲法第12条より）」でこれまでの平和を守ることができました。「戦争する国づくり」を超えて、「武力によらない平和」をめざすうえで、よりいっそうの「努力」と平和のためのビジョンが必要です。本書で述べてきたのはあくまでその入り口です。本書をもとに、武力によらない、真の平和のために行動しつづけていきましょう。

さらに学んだり行動したりしたい方へ

ＳＥＡＬＤｓ編著『ＳＥＡＬＤｓ　民主主義ってこれだ！』大月書店、２０１５年
谷山博史編著『「積極的平和主義」は、紛争地になにをもたらすか?!――ＮＧＯからの警鐘』合同出版、２０１５年
日本平和学会編『平和を考えるための１００冊＋α』法律文化社、２０１４年
平和への権利国際キャンペーン・日本実行委員会編著『いまこそ知りたい平和への権利48のQ＆A――戦争のない世界・人間の安全保障を実現するために』合同出版、２０１４年
堀芳枝編著『学生のためのピース・ノート２』コモンズ、２０１５年

あとがき

安保法制に反対する運動では、ＳＥＡＬＤｓ（自由と民主主義のための学生緊急行動）など学生や若者が声をあげ、街頭に出たことが特徴的でした。今回はデモなど路上の運動が注目されましたが、少なくともここ10年くらいをみると、若者に顕著な非正規雇用や、格差と貧困、反原発といった問題で、スタイルはどうであれ、若い世代が中心となった社会運動が増えてきているように思います。

そうした状況に呼応するかたちで、若い世代向けに社会の問題をわかりやすく説明する本が出され、わたしもそれらを読むことで自分の認識を深めてきました。ただ、イラク戦争をきっかけに社会の問題に目覚めたわたしは、平和や安全保障についての入門的な書物がほしいとずっと思っていました。もちろん、主として学生向けに、平和学や国際政治学のテキストはたくさん出されています。しかし、日本の平和と安全保障を根本から規定している日米安保体制や、それにかかわる日本国憲法が本来めざしている平和のあり方について、若い世代へ問いかけるものはあまりなかったと思います。

本書は、このねらいを達成するため、多分野にわたる若手研究者と平和運動家によってつくられたという点で、非常にユニークなものになったと思います。協力してくださったいろいろな方々に感謝します。

まず、安倍政権による「戦争する国づくり」に反対して立ち上がっている若い世代のみなさんです。そもそも、こうした動きがなければ、本書を出すという話にはならなかったと思います。わたしが執筆した部分を、運動をとおして知り合った何人かの学生の方に読んでもらい貴重なコメントをいただきました。今後も、ともに考え、行動していきたいと思います。

わたしが、さまざまな社会運動の現場で知り合った若手活動家や研究者のみなさんにも感謝します。編者や執筆者のみなさんは、すべてこうした方々です。安保法制の反対運動と併行しての執筆・編集ということもあり、さまざまな無理をお願いしましたが、ご協力くださったことに、あらためてお礼申し上げます。

本書が、戦後日本の平和運動と、戦争に反対し平和を求めてきた研究者・知識人の理論や実践に依拠していることを明記しておきます。特に、わたしの執筆部分については、著作をとおして学生時代に社会科学を学び、いまは福祉国家構想研究会などでお世話になっている渡辺治先生の業績に多くをよっています。戦後日本の平和運動の力は、総がかり行動実行委員会にみられたように健在で、わたしも含む若い世代が引き継ぐべきものを多くもっています。本書をつくる過程で、こうした理論や実践を発展させ、わたしたちがより若い世代に引き継がねばならない決意を強くしました。

最後に、大月書店編集部の角田三佳さんには、企画当初から最後まで、懇切丁寧なサポートやご配慮をいただきました。本当にありがとうございました。

入門的な書物という性格もあり、本書で扱いきれなかったテーマはたくさんあります。本書を読んでくださった人のなかから、そうしたテーマに取り組む理論や実践の担い手があらたに生まれれば、これに優る喜びはありません。このような期待を述べて、筆をおきたいと思います。

戦後70年目が終わろうとする２０１５年12月に

編者を代表して　梶原　渉

関連年表

年	日　本	世　界
1814		ウィーン会議
1840		アヘン戦争
1853	ペリー来航（翌年，日米和親条約締結により開国）	クリミア戦争
1868	明治維新	
1870		普仏戦争（～71）
1877	西南戦争	露土戦争（～78）
1882		独・墺・伊三国同盟
1889	大日本帝国憲法制定（軍の統帥権などを憲法に明記）	
1894	日清戦争（～95。日本は台湾を植民地化するなど権益を得る）	
1898		米西戦争
1899		第１回ハーグ万国平和会議，南アフリカ戦争（ブール戦争）
1900	治安警察法。義和団事件に出兵	義和団事件（帝国主義列強による中国の植民地化が本格化）
1902	日英同盟締結	
1904	日露戦争（～05。ロシアから各種権益を入手）。第一次日韓協約	
1907		第２回ハーグ万国平和会議
1910	韓国併合により，朝鮮半島は日本の統治下におかれる（～45）	
1914	第一次世界大戦参戦（翌年，対華21箇条要求）	第一次世界大戦（～18）
1917		ロシア革命（共産国家誕生）
1918	シベリア出兵（～22）	
1919	ヴェルサイユ条約調印	三・一独立運動（朝鮮），五・四運動（中国）。ヴェルサイユ条約
1920	国際連盟に加盟	国際連盟誕生（アメリカ，ソ連不参加）
1921	ワシントン会議で四か国条約に調印	ワシントン海軍軍縮条約成立

年	日　本	世　界
1922		イタリア，ファシスト政権成立
1925	日ソ基本条約。治安維持法，普通選挙法	
1928		不戦条約（ケロッグ・ブリアン条約）成立
1930	ロンドン条約調印	ロンドン海軍軍縮条約成立（軍縮路線恒久化の失敗）
1931	満州事変（翌年，満州国建国により，日本の中国大陸進出が加速する）	
1932	五・一五事件	
1933	国際連盟脱退	ドイツ，ナチス政権成立
1935		イタリア，エチオピアに侵入
1936	二・二六事件	スペイン内戦
1937	盧溝橋事件から日中戦争が本格化。日独伊防共協定	
1939		第二次世界大戦（〜45）
1940	日独伊三国軍事同盟成立	
1941	真珠湾攻撃，太平洋戦争へ	独ソ戦争
1943		イタリア降伏。カイロ会談
1945	沖縄戦。広島・長崎に原爆投下される。敗戦〜GHQによる占領改革	ドイツ降伏。ヤルタ会談。ポツダム会談。国際連合成立
1946	日本国憲法制定	フィリピン独立。インドシナ戦争（〜54）
1948	極東国際軍事裁判判決	イスラエル建国，現在まで中東の混迷続く。大韓民国・朝鮮民主主義人民共和国独立
1949	中国の共産化を受け，GHQによる占領政策の転換。非軍事化・民主化から再軍備・経済復興へ	中華人民共和国誕生，台湾との対立関係は現在まで解消されず。北大西洋条約機構（NATO）成立。ソ連，核実験に成功し核保有国となる（東西冷戦の深刻化）
1950	朝鮮戦争勃発にともない警察予備隊発足（52年に保安隊となる）。朝鮮特需	朝鮮戦争勃発，現在まで終戦が実現せず（南北対立）
1951	サンフランシスコ講和条約・日米安全保障条約調印（一部を除き，諸外国との平和が回復）	
1953	奄美大島返還	
1954	日米MSA協定。防衛庁・自衛隊発足。第五福竜丸事件	

年	日　本	世　界
1955	米軍の砂川基地問題が深刻化（59年，最高裁判決）。第1回原水爆禁止世界大会（原水禁世界大会）開催	インドネシア・バンドンでアジア=アフリカ会議。ワルシャワ条約機構発足
1956	日ソ共同宣言（ソ連との関係は正常化したが平和条約は未締結）。国連加盟	ソ連でフルシチョフがスターリン批判。ハンガリー市民の蜂起をソ連軍が鎮圧
1957		ソ連の宇宙ロケット，スプートニク1号飛行成功（宇宙時代の幕開け）
1960	日米安保条約改定問題（反対運動が激化）	アフリカで植民地の独立相次ぐ
1961		ユーゴスラヴィア・ベオグラードで第1回非同盟諸国首脳会議開催
1962		キューバ危機
1963	部分的核実験停止条約に調印	部分的核実験停止条約
1965	日韓基本条約締結，韓国との関係が正常化（北朝鮮との正常化は現在まで実現せず）	ベトナム戦争（1975年，北ベトナムが国家統一）
1967	佐藤栄作首相，非核三原則と武器輸出三原則を国会答弁	第三次中東戦争（六日間戦争，イスラエルとアラブ諸国の戦争）
1968	小笠原諸島返還	核不拡散条約（NPT）締結（70年発効）。ソ連・東欧軍のチェコスロヴァキア侵入
1971	沖縄返還協定調印	印パ戦争
1972	沖縄日本復帰（米軍基地は現在まで維持されている）。日中共同声明により，中国との戦争状態が終結	ABM条約成立により，米ソの核抑止体制が確立（「恐怖の均衡」維持）。生物兵器禁止条約署名（75年発効）
1973		ベトナム和平協定。第四次中東戦争におけるオイルショックにより日本も深刻な経済危機へ
1978	日中平和友好条約締結。日米防衛協力のための指針（ガイドライン）をアメリカと合意	国連で初の軍縮特別総会
1979		米中国交回復。ソ連，アフガニスタン侵攻
1980		イラン=イラク戦争（～88）
1981		アメリカ，レーガン政権発足（軍拡，新冷戦）。欧米で反核運動激化
1985		ソ連，ゴルバチョフが実権を握り，ペレストロイカ（改革）路線を推進
1989		ベルリンの壁撤去。マルタで米ソ首脳会談，東西冷戦の時代終焉を確認

年	日　本	世　界
1990		東西ドイツ統一（一方で，朝鮮半島の分断国家は未統一）。イラク軍，クウェートに侵攻（91年から湾岸戦争開始となり，国連もあらたな時代に突入）
1991	湾岸戦争後の中東に海上自衛隊掃海艇を派遣（翌年，PKO協力法成立により自衛隊の海外派遣が本格化）	米ソが第一次戦略兵器削減条約（START1）に調印。ソ連崩壊
1993	非自民連立政権誕生により，55年体制崩壊。日本人文民警察官，国連活動中に襲撃を受けカンボジアにて殉職	化学兵器禁止条約署名（97年発効）。イスラエルとパレスチナ解放機構の「オスロ合意」。欧州連合（EU）が誕生し，ヨーロッパは比較的平和な状態に
1994	自民・社会・さきがけの三党連立内閣発足。村山首相，日米安保体制堅持と自衛隊合憲を表明	ルワンダ紛争で大虐殺
1995	戦後50年。沖縄で米兵による少女暴行事件。村山談話	中国とフランスが核実験。NATOがボスニア紛争に軍事介入，ドイツは戦後初の海外派兵
1996	日米安保共同宣言。SACO合意で普天間基地移設を決定	イスラム勢力「タリバン」がアフガニスタンで権力掌握（米国と対立へ）。包括的核実験禁止条約署名（未発効）
1997	ガイドライン改定	対人地雷全面禁止条約締結（99年発効）
1998	北朝鮮弾道ミサイル発射事件（その後，ミサイル防衛推進など各種の対応）。日韓首脳共同宣言	インドとパキスタンが相次いで核実験，核保有国に。米英軍がイラク空爆を実施（イラクとアメリカ，緊張が続く）
1999	周辺事態法など97年新ガイドライン関連法成立	NATO軍が国連決議がないままにセルビアを空爆。ASEANにカンボジア加盟（現在の10か国体制）
2000		NPT再検討会議で核兵器廃絶の「明確な約束」に合意。南北朝鮮首脳会談
2001	テロ対策特別措置法成立（海上自衛隊艦艇をインド洋に派遣）	ニューヨークにて同時多発テロ事件発生。アメリカ，テロ首謀者の潜伏を理由にしてアフガニスタンに侵攻（アメリカは対テロ戦争を本格化），ABM脱退
2002	日朝平壌宣言	ブッシュ米大統領，イラク・イラン・北朝鮮を「悪の枢軸」と批判。アフリカ連合発足
2003	イラク特別措置法成立（04年から陸上自衛隊を戦地に派遣するようになる）	米英軍がイラク攻撃開始（イラク戦争），サダム・フセイン政権崩壊。北京で第1回6か国協議

年	日　本	世　界
2004	有事法制が成立。沖縄国際大学（普天間基地隣接）に米海兵隊ヘリ墜落	
2005	日米が辺野古・キャンプ・シュワブへの普天間基地移設合意	６か国協議で朝鮮半島非核化に合意
2006		北朝鮮，初の核実験
2007	防衛省発足。沖縄戦・集団自決の教科書記述をめぐる問題	
2008	日中両政府，東シナ海のガス田共同開発に合意	クラスター弾条約締結（2010年発効）
2009	ソマリア近海へ自衛隊を「海賊」対策で派遣	オバマ米大統領，プラハで核兵器廃絶を演説。北朝鮮，２度目の核実験
2010	尖閣諸島沖で中国漁船と海上保安庁巡視船衝突	北朝鮮と韓国，延坪島で交戦
2011	東日本大震災，東京電力福島第一原発事故（米軍と自衛隊によるトモダチ作戦行われる）。民主党野田内閣が武器輸出三原則の緩和を決定。自衛隊ジブチ基地設置	「アラブの春」（チュニジアとエジプトで独裁政権が非暴力運動で崩壊。リビアの内戦にNATO軍事介入，シリアは内戦へ）。アメリカ、アジア・太平洋重視戦略を発表
2013	特定秘密保護法成立。国家安全保障戦略決まる	北朝鮮，３度目の核実験。武器貿易条約締結（2014年発効）
2014	自民党第二次安倍政権，集団的自衛権行使を容認する憲法解釈変更を閣議決定，防衛装備移転三原則発表。辺野古新基地建設反対を訴える翁長雄志氏が沖縄県知事に	ウクライナ東部をめぐって親ロ派と親欧派で軍事対立激化，ロシアはクリミア半島併合を発表。中国の海上基地建設をめぐり南シナ海周辺諸国における領土紛争が激化。IS（いわゆる「イスラム国」）への爆撃開始
2015	ガイドライン再改定。安保法制成立。武器輸出も担当する省庁として防衛装備庁が発足	

森原康仁（もりはら　やすひと）
三重大学人文学部准教授・京都大学博士（経済学）
主要著作：『図説　経済の論点』（共編著，旬報社，2015年），「なぜ製造業企業はサービス活動に注力するのか」（『資本主義の現在――資本蓄積の変容とその社会的影響』共著，文理閣，2015年）

矢﨑暁子（やざき　あきこ）
弁護士，「秘密保全法に反対する愛知の会」事務局長代行
主要著作：『すぐにわかる　集団的自衛権って何？』（共著，七つ森書館，2014年）

山崎文徳（やまざき　ふみのり）
立命館大学経営学部准教授（技術論）
主要著作：「原爆被害に見る湮滅構造」（畑明郎・上園昌武編『公害湮滅の構造と環境問題』世界思想社，2007年），「アメリカの軍事技術開発と対日「依存」」（中本悟編『アメリカン・グローバリズム――水平な競争と拡大する格差』第5章，日本経済評論社，2007年）

吉田遼（よしだ　りょう）
NPO法人ピースデポ研究員，一橋大学大学院社会学研究科博士後期課程（安全保障論）
主要著作：「「尖閣問題」をどう解決するか――「住民基軸の論理」で平和秩序の構築を目指せ」（『イアブック2013　核軍縮・平和』高文研，2013年）

執筆者
秋山道宏（あきやま　みちひろ）
沖縄国際大学総合文化学部社会文化学科非常勤講師（社会学・沖縄戦後史）
主要著作：『図説 経済の論点』（共著，旬報社，2015年），「日本復帰前後からの島ぐるみの論理と現実主義の諸相」（『沖縄文化研究』41，2015年）

麻生多聞（あそう　たもん）
鳴門教育大学大学院学校教育研究科准教授（憲法学）
主要著作：「政治的自由主義思想と非武装平和主義」（法律時報増刊『改憲を問う――民主主義法学からの視座』日本評論社，2014年），「絶対平和主義とは異なる非武装平和主義の可能性」（『憲法問題』27号，2016年，近刊）

李　恩元（い　うんうぉん）
明治大学大学院政治経済学研究科博士後期課程（政治学）
主要著作：「北朝鮮の「人権」論――国際人権に対する異論を中心として」（『政治学研究論集』第39号，明治大学大学院，2014年），「強制収容所研究――北朝鮮における「管理所」の政治的機能を中心に」（『明治大学社会科学研究所紀要』第53巻第2号，明治大学社会科学研究所，2015年）

奥本京子（おくもと　きょうこ）
大阪女学院大学国際・英語学部教員（平和学）
主要著作：『平和ワークにおける芸術アプローチの可能性――ガルトゥングによる朗読劇Ho' o Pono Pono: Pax Pacificaからの考察』（法律文化社，2012年），ヨハン・ガルトゥング『ガルトゥング紛争解決学入門――コンフリクト・ワークへの招待』（共監訳，法律文化社，2014年）

佐々木啓（ささき　けい）
茨城大学人文学部准教授（日本近現代史）
主要著作：『証言記録市民たちの戦争①』（監修，大月書店，2015年），「総力戦の遂行と日本社会の変容」（『岩波講座日本歴史 第18巻　近現代4』2015年）

志葉　玲（しば　れい）
戦場ジャーナリスト，イラク戦争の検証を求めるネットワーク事務局長
主要著作：『たたかう！ ジャーナリスト宣言――ボクの観た本当の戦争』（社会批評社，2007年），『原発依存国家』（共著，扶桑社新書，2013年）

三宅裕一郎（みやけ　ゆういちろう）
三重短期大学法経科教授（憲法学）
主要著作：「アメリカ合衆国による「標的殺害（targeted killing）」をめぐる憲法問題・序説」（『三重法経』145号，2015年），『国会議員による憲法訴訟の可能性――アメリカ合衆国における連邦議会議員の原告適格法理の地平から』（専修大学出版局，2006年）

編者
梶原　渉（かじはら　わたる）
原水爆禁止日本協議会事務局
主要著作：「戦争国家化に対抗すべき平和構想――戦後「平和国家」の擁護と発展」（『日本の科学者』2014年8月号）

城　秀孝（じょう　ひでたか）
神田外語大学非常勤講師（法学・国際法）
主要著作：「核軍縮・核廃絶をめぐる法と政治」（法律時報増刊『改憲を問う――民主主義法学からの視座』日本評論社，2014年），「「PKO等協力法」改定案」（別冊法学セミナー『安保関連法総批判――憲法学からの「平和安全」法制分析』日本評論社，2015年）

布施祐仁（ふせ　ゆうじん）
ジャーナリスト，「平和新聞」編集長
主要著作：『経済的徴兵制』（集英社，2015年），『日米密約――裁かれない米兵犯罪』（岩波書店，2010年）

真嶋麻子（ましま　あさこ）
津田塾大学国際関係研究所（国際関係学）
主要著作：『図説 経済の論点』（共著，旬報社，2015年），「グァテマラの人間開発に対する国連開発計画「現地化」政策の意義と課題」（日本国際連合学会編『安全保障をめぐる地域と国連』国際書院，2011年）

DTP　岡田グラフ
装幀　戸塚泰雄（nu）

18歳からわかる　平和と安全保障のえらび方

2016年1月20日　第1刷発行

定価はカバーに
表示してあります

編　者　梶原　渉・城　秀孝
布施祐仁・真嶋麻子

発行者　中　川　進

〒113-0033　東京都文京区本郷2-11-9

発行所　株式会社　大　月　書　店

印刷　三晃印刷
製本　中永製本

電話（代表）03-3813-4651　FAX 03-3813-4656　振替00130-7-16387
http://www.otsukishoten.co.jp/

ISBN978-4-272-21112-8　C0031　Printed in Japan